高等学校计算机基础教育规划教材

数据库案例与应用开发项目教程
(SQL Server 2017+Visual Studio 2017综合开发)

王 红 陈功平 主 编
张寿安 李家兵 副主编
曹维祥 金先好 金宗安 胡 琼 参 编

清华大学出版社
北京

内容简介

本书以数据库基础知识和应用为主要讲解内容，以 SQL Server 2017 数据库管理系统和 Visual Studio 2017 开发环境为载体，介绍 SQL Server 2017 数据库管理系统的基本操作，配合 Visual Studio 2017 开发环境开发数据库应用系统，使用 ASP.NET 4.5 技术，逐步构建一个典型的"图书借阅系统"数据库应用网站。本书既介绍数据库管理系统的基本概念和操作，又介绍数据库应用系统的开发、部署，综合应用性强。

书中通过情境编排知识点，以数据库应用和案例开发为主，以知识讲解为辅，核心内容集中在数据库、数据表、视图、默认、规则、存储过程、触发器、函数等数据库对象的创建和管理上，重点讲解使用 T-SQL 语言创建和管理数据库对象，并将数据库的基本操作用 Visual Studio 2017 技术实现。

本书精心设计了案例，循序渐进地构建系统，由简入难，理论联系实际，适合应用型本科和高职院校师生使用，同时也可作为数据库应用系统初级开发人员的参考书。

本书封面贴有清华大学出版社防伪标签，无标签者不得销售。
版权所有，侵权必究。举报：010-62782989，beiqinquan@tup.tsinghua.edu.cn。

图书在版编目（CIP）数据

数据库案例与应用开发项目教程：SQL Server 2017＋Visual Studio 2017 综合开发/王红，陈功平主编. —北京：清华大学出版社，2020.8（2024.8重印）
高等学校计算机基础教育规划教材
ISBN 978-7-302-56116-3

Ⅰ.①数… Ⅱ.①王… ②陈… Ⅲ.①关系数据库系统－高等学校－教材 ②程序语言－程序设计－高等学校－教材 Ⅳ.①TP311.132.3 ②TP312

中国版本图书馆 CIP 数据核字（2020）第 139123 号

责任编辑：袁勤勇　杨　枫
封面设计：常雪影
责任校对：白　蕾
责任印制：宋　林

出版发行：清华大学出版社
　　　　网　　址：https://www.tup.com.cn，https://www.wqxuetang.com
　　　　地　　址：北京清华大学学研大厦 A 座　　邮　编：100084
　　　　社 总 机：010-83470000　　　　　　　　邮　购：010-62786544
　　　　投稿与读者服务：010-62776969，c-service@tup.tsinghua.edu.cn
　　　　质量反馈：010-62772015，zhiliang@tup.tsinghua.edu.cn
　　　　课件下载：https://www.tup.com.cn，010-83470236
印 装 者：三河市人民印务有限公司
经　　销：全国新华书店
开　　本：185mm×260mm　　印　张：18.75　　字　数：429 千字
版　　次：2020 年 9 月第 1 版　　　　　　　　印　次：2024 年 8 月第 4 次印刷
定　　价：59.00 元

产品编号：088985-01

前 言

当前各类高等院校的专业课程教学逐渐采用"教、学、做"一体、"项目整合""任务驱动"的教学方式。随着网络技术的发展，各类网络平台中的后台数据管理越来越重要，数据库应用系统的开发设计能力已经成为各类院校计算机相关专业学生的必备技能。微软公司的 SQL Server 数据库管理系统功能强大、应用广泛，在数据管理方面有独特的优势。

本书以实际应用和案例实现为主，理论知识讲解为辅，论述准确、讲解详细、案例充足、图文并茂，并有配套的实训课教学内容。本书以 SQL Server 2017 数据库管理系统为后台数据支撑，配合 Visual Studio 2017 开发平台设计实现前台页面功能，以读者熟悉的"图书借阅系统"为开发任务，以 B/S 模式为开发架构，分化整合为 5 个学习情境。每个学习情境由不同数量的任务构成，每个任务均为实际操作内容，同时配合一定的理论知识讲解，逐步细致地完成数据库应用系统的开发过程。各学习情境主要内容如下所述。

学习情境 1 完成"图书借阅系统"数据库的创建、管理、备份、还原，使用 ADO.NET 技术访问数据库。

学习情境 2 完成"图书借阅系统"数据表的创建、管理，表数据的增加、修改、删除，使用约束实现数据完整性，设计并实现表数据的添加和删除页面。

学习情境 3 使用 T-SQL 语言完成数据查询，以单表、多表、子查询为核心，利用查询技术完成信息修改、用户登录页面功能。

学习情境 4 围绕 Visual Studio 开发技术，实现用户控件、导航控件、数据控件的制作及使用，完成网站首页、用户主页的设计。

学习情境 5 综合介绍"校园论坛"网站的设计。

本教材获得 2019 年安徽省教育厅高校学科（专业）拔尖人才学术资助项目子项目（出版高职高专特色教材）、2019 安徽省教育厅质量工程项目"高水平高职教材建设"（项目编号：2018yljc188）和 2019 年安徽省教育厅质量工程项目"大规模在线开放课程（MOOC）示范项目"（项目编号：2018mooc340）的资助，在此感谢安徽省教育厅的多方资助。

由于编者水平有限，书中难免存在疏漏和不妥之处，敬请读者、同行批评指正。

编 者

2020 年 4 月

目 录

学习情境 1　数据库管理技术 ………………………………………………………… 1

 任务 1-1　数据库系统基本概念 …………………………………………………… 2
  1.1.1　数据库的基本概念 …………………………………………………………… 2
  1.1.2　数据模型 ……………………………………………………………………… 2
  1.1.3　关系数据库 …………………………………………………………………… 4
  1.1.4　数据库应用系统开发的基本步骤 …………………………………………… 5
 任务 1-2　安装 SQL Server 2017 和 Visual Studio 2017 ………………………… 6
  1.2.1　安装 SQL Server 2017 ……………………………………………………… 6
  1.2.2　使用 SQL Server 2017 ……………………………………………………… 12
  1.2.3　安装 Microsoft Visual Studio 2017 ………………………………………… 15
 任务 1-3　创建和管理数据库 ……………………………………………………… 19
  1.3.1　基本概念 ……………………………………………………………………… 19
  1.3.2　创建数据库 …………………………………………………………………… 20
  1.3.3　管理数据库 …………………………………………………………………… 24
  1.3.4　删除数据库 …………………………………………………………………… 27
  1.3.5　创建"图书借阅"数据库 ……………………………………………………… 28
 任务 1-4　备份和还原数据库 ……………………………………………………… 28
  1.4.1　备份的必要性 ………………………………………………………………… 28
  1.4.2　数据库备份与恢复的基本概念 ……………………………………………… 29
  1.4.3　备份数据库到文件 …………………………………………………………… 29
  1.4.4　备份数据库到备份设备 ……………………………………………………… 34
  1.4.5　还原数据库 …………………………………………………………………… 37
  1.4.6　分离和附加数据库 …………………………………………………………… 44
  1.4.7　自动备份数据库 ……………………………………………………………… 46
 任务 1-5　使用 ADO.NET 技术连接 SQL 数据库 ……………………………… 50
  1.5.1　SqlConnection 对象 …………………………………………………………… 50
  1.5.2　创建"图书借阅系统"网站 …………………………………………………… 50
  1.5.3　创建数据库访问类 …………………………………………………………… 52

  1.5.4 测试连接 ⋯⋯⋯⋯⋯⋯⋯⋯⋯⋯⋯⋯⋯⋯⋯⋯⋯⋯⋯⋯⋯⋯⋯⋯⋯⋯⋯ 55

 实训 1 数据库管理 ⋯⋯⋯⋯⋯⋯⋯⋯⋯⋯⋯⋯⋯⋯⋯⋯⋯⋯⋯⋯⋯⋯⋯⋯⋯⋯⋯⋯⋯ 57

 实训 2 数据库的备份与还原 ⋯⋯⋯⋯⋯⋯⋯⋯⋯⋯⋯⋯⋯⋯⋯⋯⋯⋯⋯⋯⋯⋯⋯⋯⋯ 58

学习情境 2 数据表管理技术 ⋯⋯⋯⋯⋯⋯⋯⋯⋯⋯⋯⋯⋯⋯⋯⋯⋯⋯⋯⋯⋯⋯⋯⋯⋯⋯ 60

 任务 2-1 管理数据表结构 ⋯⋯⋯⋯⋯⋯⋯⋯⋯⋯⋯⋯⋯⋯⋯⋯⋯⋯⋯⋯⋯⋯⋯⋯⋯⋯ 60

  2.1.1 常用数据类型 ⋯⋯⋯⋯⋯⋯⋯⋯⋯⋯⋯⋯⋯⋯⋯⋯⋯⋯⋯⋯⋯⋯⋯⋯⋯⋯⋯ 60

  2.1.2 为"图书借阅系统"创建表 ⋯⋯⋯⋯⋯⋯⋯⋯⋯⋯⋯⋯⋯⋯⋯⋯⋯⋯⋯⋯ 64

  2.1.3 维护数据表 ⋯⋯⋯⋯⋯⋯⋯⋯⋯⋯⋯⋯⋯⋯⋯⋯⋯⋯⋯⋯⋯⋯⋯⋯⋯⋯⋯ 69

  2.1.4 删除数据表 ⋯⋯⋯⋯⋯⋯⋯⋯⋯⋯⋯⋯⋯⋯⋯⋯⋯⋯⋯⋯⋯⋯⋯⋯⋯⋯⋯ 72

 任务 2-2 管理数据表记录 ⋯⋯⋯⋯⋯⋯⋯⋯⋯⋯⋯⋯⋯⋯⋯⋯⋯⋯⋯⋯⋯⋯⋯⋯⋯⋯ 73

  2.2.1 添加表记录 ⋯⋯⋯⋯⋯⋯⋯⋯⋯⋯⋯⋯⋯⋯⋯⋯⋯⋯⋯⋯⋯⋯⋯⋯⋯⋯⋯ 73

  2.2.2 修改表记录 ⋯⋯⋯⋯⋯⋯⋯⋯⋯⋯⋯⋯⋯⋯⋯⋯⋯⋯⋯⋯⋯⋯⋯⋯⋯⋯⋯ 75

  2.2.3 删除表记录 ⋯⋯⋯⋯⋯⋯⋯⋯⋯⋯⋯⋯⋯⋯⋯⋯⋯⋯⋯⋯⋯⋯⋯⋯⋯⋯⋯ 76

  2.2.4 导入与导出数据 ⋯⋯⋯⋯⋯⋯⋯⋯⋯⋯⋯⋯⋯⋯⋯⋯⋯⋯⋯⋯⋯⋯⋯⋯⋯ 77

 任务 2-3 管理数据完整性 ⋯⋯⋯⋯⋯⋯⋯⋯⋯⋯⋯⋯⋯⋯⋯⋯⋯⋯⋯⋯⋯⋯⋯⋯⋯⋯ 80

  2.3.1 主键约束 ⋯⋯⋯⋯⋯⋯⋯⋯⋯⋯⋯⋯⋯⋯⋯⋯⋯⋯⋯⋯⋯⋯⋯⋯⋯⋯⋯⋯ 80

  2.3.2 唯一键约束 ⋯⋯⋯⋯⋯⋯⋯⋯⋯⋯⋯⋯⋯⋯⋯⋯⋯⋯⋯⋯⋯⋯⋯⋯⋯⋯⋯ 82

  2.3.3 检查约束 ⋯⋯⋯⋯⋯⋯⋯⋯⋯⋯⋯⋯⋯⋯⋯⋯⋯⋯⋯⋯⋯⋯⋯⋯⋯⋯⋯⋯ 83

  2.3.4 外键约束 ⋯⋯⋯⋯⋯⋯⋯⋯⋯⋯⋯⋯⋯⋯⋯⋯⋯⋯⋯⋯⋯⋯⋯⋯⋯⋯⋯⋯ 86

  2.3.5 默认值 ⋯⋯⋯⋯⋯⋯⋯⋯⋯⋯⋯⋯⋯⋯⋯⋯⋯⋯⋯⋯⋯⋯⋯⋯⋯⋯⋯⋯⋯ 93

  2.3.6 规则 ⋯⋯⋯⋯⋯⋯⋯⋯⋯⋯⋯⋯⋯⋯⋯⋯⋯⋯⋯⋯⋯⋯⋯⋯⋯⋯⋯⋯⋯⋯ 97

 任务 2-4 设计并实现"添加读者页面" ⋯⋯⋯⋯⋯⋯⋯⋯⋯⋯⋯⋯⋯⋯⋯⋯⋯⋯⋯⋯ 98

  2.4.1 目录设计 ⋯⋯⋯⋯⋯⋯⋯⋯⋯⋯⋯⋯⋯⋯⋯⋯⋯⋯⋯⋯⋯⋯⋯⋯⋯⋯⋯⋯ 98

  2.4.2 窗体设计 ⋯⋯⋯⋯⋯⋯⋯⋯⋯⋯⋯⋯⋯⋯⋯⋯⋯⋯⋯⋯⋯⋯⋯⋯⋯⋯⋯⋯ 99

  2.4.3 功能设计 ⋯⋯⋯⋯⋯⋯⋯⋯⋯⋯⋯⋯⋯⋯⋯⋯⋯⋯⋯⋯⋯⋯⋯⋯⋯⋯⋯⋯ 99

 任务 2-5 设计并实现"删除读者页面" ⋯⋯⋯⋯⋯⋯⋯⋯⋯⋯⋯⋯⋯⋯⋯⋯⋯⋯⋯ 103

  2.5.1 窗体设计 ⋯⋯⋯⋯⋯⋯⋯⋯⋯⋯⋯⋯⋯⋯⋯⋯⋯⋯⋯⋯⋯⋯⋯⋯⋯⋯⋯ 103

  2.5.2 功能设计 ⋯⋯⋯⋯⋯⋯⋯⋯⋯⋯⋯⋯⋯⋯⋯⋯⋯⋯⋯⋯⋯⋯⋯⋯⋯⋯⋯ 103

 实训 3 表和表数据的管理 ⋯⋯⋯⋯⋯⋯⋯⋯⋯⋯⋯⋯⋯⋯⋯⋯⋯⋯⋯⋯⋯⋯⋯⋯⋯ 105

 实训 4 管理数据完整性 ⋯⋯⋯⋯⋯⋯⋯⋯⋯⋯⋯⋯⋯⋯⋯⋯⋯⋯⋯⋯⋯⋯⋯⋯⋯⋯ 107

学习情境 3 数据查询技术 ⋯⋯⋯⋯⋯⋯⋯⋯⋯⋯⋯⋯⋯⋯⋯⋯⋯⋯⋯⋯⋯⋯⋯⋯⋯ **109**

 任务 3-1 数据查询 ⋯⋯⋯⋯⋯⋯⋯⋯⋯⋯⋯⋯⋯⋯⋯⋯⋯⋯⋯⋯⋯⋯⋯⋯⋯⋯⋯⋯ 110

  3.1.1 查询语句格式 ⋯⋯⋯⋯⋯⋯⋯⋯⋯⋯⋯⋯⋯⋯⋯⋯⋯⋯⋯⋯⋯⋯⋯⋯⋯ 110

  3.1.2 查询数据介绍 ⋯⋯⋯⋯⋯⋯⋯⋯⋯⋯⋯⋯⋯⋯⋯⋯⋯⋯⋯⋯⋯⋯⋯⋯⋯ 110

  3.1.3 单表查询 ⋯⋯⋯⋯⋯⋯⋯⋯⋯⋯⋯⋯⋯⋯⋯⋯⋯⋯⋯⋯⋯⋯⋯⋯⋯⋯⋯ 111

  3.1.4 多表查询 ⋯⋯⋯⋯⋯⋯⋯⋯⋯⋯⋯⋯⋯⋯⋯⋯⋯⋯⋯⋯⋯⋯⋯⋯⋯⋯⋯ 117

3.1.5	使用数据查询添加记录	123
3.1.6	子查询	124
3.1.7	分组查询	127

任务 3-2 使用视图 130

3.2.1	视图	130
3.2.2	创建视图	131
3.2.3	通过视图修改基本表数据	132
3.2.4	修改视图	133
3.2.5	删除视图	134

任务 3-3 设计并实现"修改读者"页面 134

3.3.1	窗体设计	134
3.3.2	功能设计	135

任务 3-4 设计并实现"添加图书"页面 137

3.4.1	窗体设计	137
3.4.2	功能设计	142

任务 3-5 设计并实现"修改图书"页面 143

3.5.1	浏览图书功能设计	143
3.5.2	修改图书功能设计	145

任务 3-6 设计并实现"管理员登录"页面 147

3.6.1	窗体设计	147
3.6.2	功能设计	148

任务 3-7 存储过程设计 150

3.7.1	局部变量	150
3.7.2	流程控制语句	153
3.7.3	存储过程设计	157
3.7.4	触发器设计	161
3.7.5	函数设计	170

任务 3-8 配置数据库安全性 174

3.8.1	SQL Server 2017 的安全措施	174
3.8.2	服务器级安全性	175
3.8.3	数据库级安全性	182
3.8.4	权限	188

实训 5 数据查询 189

实训 6 T-SQL 程序设计 191

实训 7 存储过程设计 192

实训 8 触发器设计 193

实训 9 安全管理 194

学习情境 4 网站主页设计 ························· **197**

任务 4-1 设计并实现"图书借阅系统"首页 ················· 198
4.1.1 设计"读者登录"用户控件 ···················· 198
4.1.2 首页设计 ···························· 202

任务 4-2 设计并实现"管理员主页" ····················· 209
4.2.1 导航控件 ···························· 209
4.2.2 设计并实现管理员主页 ······················· 210

任务 4-3 设计并实现"读者主页" ······················ 214
4.3.1 设计读者主页 ·························· 214
4.3.2 设计已借图书页面 ························ 215
4.3.3 设计借书页面 ·························· 218
4.3.4 设计修改密码页面 ························ 221

学习情境 5 网络论坛设计与开发 ······················· **223**

任务 5-1 系统简介 ······························ 223
5.1.1 开发工具简介 ·························· 223
5.1.2 系统功能图 ··························· 224

任务 5-2 数据库设计 ···························· 224
5.2.1 创建数据库 ··························· 224
5.2.2 数据表设计 ··························· 224
5.2.3 数据关系图 ··························· 229
5.2.4 视图设计 ···························· 229
5.2.5 存储过程设计 ·························· 230
5.2.6 触发器过程设计 ························· 232

任务 5-3 详细设计 ······························ 233
5.3.1 数据库访问类设计 ························ 233
5.3.2 主题设计 ···························· 238
5.3.3 用户控件设计 ·························· 239
5.3.4 母版页设计 ··························· 250
5.3.5 用户注册页面设计 ························ 252
5.3.6 首页设计 ···························· 253
5.3.7 讨论区设计 ··························· 254
5.3.8 管理功能设计 ·························· 265
5.3.9 私信功能设计 ·························· 283
5.3.10 帖子搜索功能设计 ······················· 286

参考文献 ································· **288**

学习情境 1

数据库管理技术

【能力要求】

- 掌握开发数据库应用系统的基本步骤。
- 能够使用图形化和 T-SQL 命令方式创建和管理数据库。
- 能够使用 ADO.NET 技术以类封装形式实现数据库连接。
- 能够完成数据库的备份和还原任务。

【任务分解】

- 任务 1-1　数据库系统基本概念
- 任务 1-2　安装 SQL Server 2017 和 Visual Studio 2017
- 任务 1-3　创建和管理数据库
- 任务 1-4　备份和还原数据库
- 任务 1-5　使用 ADO.NET 技术连接 SQL 数据库

【重难点】

- 创建和修改数据库。
- ADO.NET 连接数据库技术。
- 备份、还原数据库。

【自主学习内容】

以"邮箱应用系统"为开发任务,设计数据库。确定数据库名、存储位置、文件增长方式等属性;在 Visual Studio 中创建"邮箱应用系统"网站;创建数据库连接类,用于连接到邮箱数据库;新建窗体测试数据库连接类是否可以正确连接到邮箱数据库。

任务 1-1 数据库系统基本概念

1.1.1 数据库的基本概念

1. 信息

信息（Information）用于表示客观事物的属性，所反映的是关于某一客观系统中某一事物的某一方面属性或某一时刻的表现形式。

2. 数据

数据（Data）是信息的体现形式，是用于描述客观事物属性的符号（可以是数字、文字、图形、图像、声音及语言等）记录，经过数字化后存入计算机，是信息的载体。对客观事物属性的记录是用一定的符号来表达的，因此可以说数据是信息的具体表现形式。

数据通常由值和属性构成。例如，身高可以是 1.6 米，也可以是 160 厘米，1.6 和 160 是值，米和厘米是属性。

3. 数据库

数据库（DataBase，DB）是按照一定的数据结构来组织、存储和管理数据的仓库，长期存储在计算机内、有组织、可共享的数据集合，具有最小冗余度、较高的数据独立性和易扩展性。数据库技术产生于 20 世纪 60 年代。

4. 数据库管理系统

数据库管理系统（DataBase Management System，DBMS）是一种操纵和管理数据库的软件，是位于用户和操作系统之间的系统软件，可以实现建立、管理和维护数据库，可以保证数据库的安全性和完整性。用户通过 DBMS 访问数据库中的数据。

5. 数据库系统

加入了数据库后的计算机系统称为数据库系统（DataBase System，DBS），通常由数据、数据库、数据库管理系统及其开发工具、应用系统、数据库管理员和用户构成。

1.1.2 数据模型

数据模型（Data Model）是对客观事物及其联系的逻辑组织描述。主流数据模型有层次模型、网状模型和关系模型三种。

1. 层次模型

层次模型（Hierarchical Model）是数据库系统最早使用的一种模型，表示数据间的从属关系,是一种以记录某一事物的类型为根结点的有向树结构。其主要特征如下。

(1) 仅有一个无双亲的根结点。

(2) 根结点以外的子结点,向上仅有一个父结点,向下有若干子结点,如图1-1所示。

2. 网状模型

网状模型(Network Model)是层次模型的扩展,表示多个从属关系的层次结构,呈现一种交叉关系的网络结构。其主要特征如下。

(1) 有一个以上的结点无双亲。

(2) 至少有一个结点有多个双亲,典型的网状模型如图1-2所示。

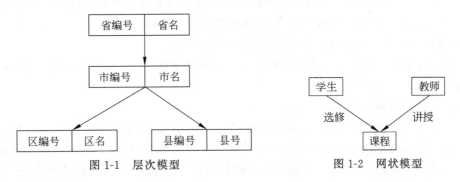

图1-1 层次模型　　　　　　图1-2 网状模型

3. 关系模型

关系模型(Relational Model)有严格的关系数学理论支撑,数据规范化强,"关系"是指那种虽具有相关性而非从属性的平行的数据之间按照某种序列排列的集合关系,一个关系在逻辑上可表示成一张"二维表",学生关系表见表1-1。

表1-1 学生关系表

学　号	姓　名	性　别	出生日期	联系电话
001	Jim	男	2002年8月10日	1
002	Jack	男	2003年8月10日	2
003	Rose	女	2002年7月11日	3
004	Lucy	女	2002年8月7日	4
005	Lily	女	2005年9月9日	5
006	张三	男	2003年4月4日	6

关系模型的主要特征如下。

(1) 关系中的列称为属性或字段,且不可再分,每个字段的取值是同质的,且顺序可以任意调换,上面的学生关系表有5个字段。

若上述的学生关系表中出现了"父母亲姓名"字段,则不满足属性的不可再分要求,可分割为"父亲姓名"和"母亲姓名"两个属性。

(2) 关系中的行称为元组或记录,用于表示一个客观事物,每行由多个属性组成,记录的先后顺序也可以任意调换,上面的学生关系表有 6 条记录。

(3) 一个关系就是一张二维表,不允许出现相同的字段名和记录行。

1.1.3 关系数据库

1. 关系数据库的基本概念

(1) 记录:也叫元组,二维表中的行,由多个数据项组成。
(2) 字段:也叫属性,二维表中的列,每个字段下的值有相同的属性。
① 关键字段:能唯一地标识一条记录的字段或字段集。
② 主键:能唯一地标识一条记录,且没有多余字段。
③ 外键:也叫外码,若关系表 1 的主键出现在关系表 2 中,则关系表 2 中该字段或字段集称作关系表 1 的外键。
(3) 关系表间的联系。
① 一对一(可记作 1:1):关系表 1 中的每条记录最多和关系表 2 中的一条记录关联,反之亦然,这样的关联叫作一对一的关联,如班级与班长、学校和校长之间的关联。
② 一对多(可记作 1:n):关系表 1 中的每条记录和关系表 2 中的若干条记录关联,关系表 2 中的每条记录最多只和关系表 1 中的一条记录关联,这样的关联叫作一对多关联,如班级与副班长、学校和副校长之间的关联。
③ 多对多(可记作 m:n):关系表 1 中的每条记录和关系表 2 中的若干条记录关联,反之亦然,这样的关联就叫作多对多关联,如教师和学生(一个教师可以有多个学生,一个学生也可以有多个教师)、学生和课程(一个学生可以学多门课程,一门课程也可以有多个学生学)之间的关联。

数据库中可以直接实现 1:1 和 1:n 关联,而 m:n 关联则需要转换成多个 1:n 关联来间接地实现多对多关联。多对多关联在现实中是最常见的,本书的"图书借阅系统"数据库中的主要关系就是一个非常典型的多对多关联。

2. 关系数据库的数据完整性

(1) 实体完整性:要求二维表中的记录(行)没有重复,在 SQL Server 数据库管理系统中可通过主键(Primary Key)、唯一键(Unique Key)和标识列(Identity)等方法实现实体完整性。

(2) 域完整性:要求字段(列)的取值在一定范围内,在 SQL Server 数据库管理系统中可通过字段的数据类型、数据宽度、检查约束、默认、规则等方法实现。

(3) 参照完整性:是指表间数据一致性,在 SQL Server 数据库管理系统中可通过主键和外键(Foreign Key)的关联实现,也可以通过触发器实现。

1.1.4 数据库应用系统开发的基本步骤

1. 需求分析与可行性分析

需求分析在整个数据库应用系统开发中占了很重要的地位,但在学习阶段容易被忽视。需求分析的主要目的是了解用户的对系统的具体要求,开发人员根据用户需求,进行数据分析、功能分析,并在此基础上进行必要的可行性分析,如时间可行性、技术可行性、人员可行性、资金可行性等。

2. 数据库设计

可行性通过后就可以着手应用系统的开发,首先要将数据分析的结果用数据库应用系统实现。

(1) 逻辑设计。

设计数据库的逻辑结构,与具体的 DBMS 无关,包括选择数据库产品、确定数据库实体属性(字段)、数据类型、长度、精度等各项技术,可采用"实体联系模型"(E-R 模型)来描述数据库的结构与语义,是对现实世界的第一次抽象。

(2) 物理设计。

将数据库逻辑阶段的成果用实际的 DBMS 设计,本书采用 SQL Server 2017 数据库软件设计数据库的物理结构。本书的学习情境 1 和学习情境 2 重点实现"图书借阅系统"的数据库设计。

3. 系统功能设计

系统功能设计阶段采用页面开发工具,开发数据操纵页面来实现数据管理任务,主要工作有创建数据库访问类、用户界面设计与编码、数据输出设计、数据库的维护功能,本书将"图书借阅系统"的系统功能设计分散在不同的学习情境中。

4. 软件测试

软件测试主要用来测试系统的功能是否完备,是否满足用户的需求,系统有没有漏洞,系统的稳定性如何,用户界面是否友好等。在测试阶段发现错误时要进行及时修改或重新设计,这是系统交付用户使用前的必经步骤。

5. 系统运行与维护

运行与维护属于软件系统的售后服务,包括修改交付后出现的错误、满足用户的新需求等,运行与维护阶段的时间较长,软件运行维护人员与软件开发设计人员往往不是同一组人,因此在软件开发过程中,设计人员要遵守惯例,遵循网站文件分布、命名等一系列规范,编码要有注释,这样不仅方便自己管理,也可以让同组人员和运行与维护人员快速地入手。

任务 1-2　安装 SQL Server 2017 和 Visual Studio 2017

1.2.1　安装 SQL Server 2017

1. 简介

SQL Server 2017 可以在 Windows、Linux 和 Docker 系统上运行，安全性高，有企业（Enterprise）版、标准（Standard）版、简化（Express）版和开发者（Developer）版。其中，企业版的功能最完整，非免费，开发者版是一个免费版，和企业版功能基本相同，但只能在非生产环境下用作开发和测试，如果要上线，需要付费选择企业版或标准版。

2. 硬件和软件要求

（1）硬件需求。

SQL Server 2017 各版本对内存、CPU 和硬盘空间的要求如表 1-2 所示。

表 1-2　SQL Server 2017 各版本对硬件的要求

组件	要求
内存	最低要求：简化版 512MB，所有其他版本 1GB 建议：简化版 1GB，所有其他版本至少 4GB
处理器速度	最低要求：x64 处理器，1.4GHz 建议：2.0GHz 或更快
处理器类型	x64 处理器：AMD Opteron、AMD Athlon 64、支持 Intel EM64T 的 Intel Xeon 和支持 EM64T 的 Intel Pentium IV
硬盘	最少 6GB 的可用硬盘空间

（2）软件需求。

安装 SQL Server 2017 的软件需求：NET Framework 4.5、SQL Server 安装程序支持文件等，如计算机中未安装功能组件，部分组件可自动下载安装，若不能，可根据提示手动搜索下载安装组件，然后再安装数据库即可。

安装 SQL Server Management Studio 时，必须先安装 NET 4.6.1 必备组件。

详细的软硬件需求参考安装中心中的"硬件和软件需求"，安装时如果计算机软硬件需求不符，则会提示错误，不能完成安装。

3. 安装数据库服务

SQL Server 2017 数据库系统的安装步骤如下：

（1）打开微软中国的 SQL Server 下载页面。网址为 https://www.microsoft.com/zh-cn/sql-server/sql-server-downloads，如图 1-3 所示。

图 1-3　微软中国 SQL Server 下载页面

（2）在如图 1-4 所示的下载选项中选择其他免费的专用版本，这里选择 Developer（开发者）版。本书下载的是 SQL Server 2017 版，如果找不到该版本号，可以输入关键字搜索并下载。

图 1-4　下载选项

（3）单击"立即下载"按钮后，选择"直接打开"或"下载"，这是一个 exe 可执行文件，运行后打开 SQL Server 在线安装界面，如图 1-5 所示，安装类型有 3 个选项：如果不下载安装包、边下载边安装并使用默认配置,则选择第一项"基本(B)";如果要自定义安装,则选择第 2 项"自定义(C)";如果要下载安装包,则选择第 3 项"下载介质(D)"。

图 1-5　选择安装类型

（4）选择"基本(B)"安装选项后,需要联网,边下载边安装,接受许可条款,如图 1-6 所示。

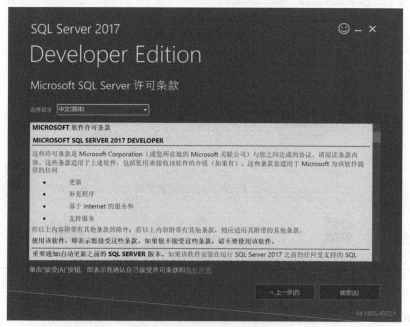

图 1-6　接受许可条款

(5) 选择安装位置,建议安装在系统盘,如图 1-7 所示。

图 1-7　指定安装位置

(6) 单击"安装"按钮后,先下载安装程序包,如图 1-8 所示。

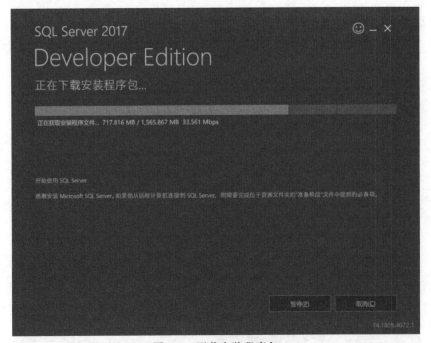

图 1-8　下载安装程序包

（7）下载成功后进入安装环节，先提取安装程序文件，提取成功后，进入正在安装界面，如图 1-9 所示。接下来要做的就是等待和网络在线保障。安装成功会弹出如图 1-10 所示的提醒窗口。

图 1-9　安装数据库

图 1-10　安装成功

注意：图 1-10 告诉了用户实例名称、SQL 管理员、已安装的功能和版本信息，如果实例名为 MSSQLSERVER，表示本机默认实例。

提示已成功完成安装后，此时已成功安装数据库引擎等基本服务，在开始菜单所有程序中找到 Microsoft SQL Server 2017，如图 1-11 所示，可以看到如下条目，可通过"SQL Server 2017 配置管理器"查看本机 SQL Server 服务。

图 1-11　SQL Server 条目

4．安装 SQL Server Management Studio

在图 1-10 告知用户已成功安装数据库服务后，不要急着关闭，需要安装 SSMS 才可使用集成环境管理、配合和开发 SQL Server，单击图 1-10 中的"安装 SSMS"按钮，打开"下载 SQL Server Management Studio（SSMS）"页面，选择"下载 SQL Server Management Studio 17.9.1"，如图 1-12 所示，保存 SSMS-Setup-CHS.exe 文件。

图 1-12　下载 SSMS

下载成功后，文件名默认为 SSMS-Setup-CHS.exe，直接双击运行后，打开安装界面，如图 1-13 所示，在安装界面中单击"安装"按钮。

提示安装成功后关闭安装界面，在所有程序中可找到 Microsoft SQL Server Management Studio 17，如图 1-14 所示，单击后可打开 SSMS。

图 1-13　安装 SSMS

图 1-14　Microsoft SQL Server Management Studio 程序列表

1.2.2　使用 SQL Server 2017

1. 服务的启动、暂停和停止

（1）使用配置管理器管理 SQL Server 服务。

从"开始"菜单处的所有程序中找到 SQL Server 2017 配置管理器，如图 1-11 所示，单击打开应用程序，程序界面如图 1-15 所示。

"SQL Server 配置管理器"是一个图形化的、用于管理"SQL Server 服务""SQL Server 网络配置"的工具，在图 1-15 中，SQL Server 表示数据库引擎服务，括号中的字符表示服务器实例的名称。图标上有绿色三角形表示服务已启动，红色方形表示服务停止，可在快捷菜单中配置服务器的状态。

（2）使用本地服务管理 SQL Server 服务。

打开"服务（本地）"界面，如图 1-16 所示，找到相关服务，在快捷菜单中选择"启动""停止""暂停""重新启动"等菜单项进行服务管理。

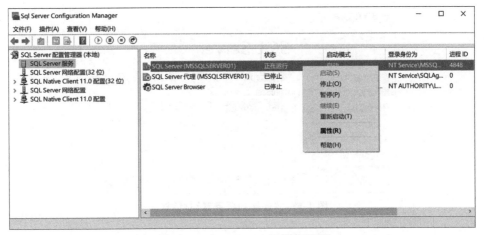

图 1-15　SQL Server 配置管理器

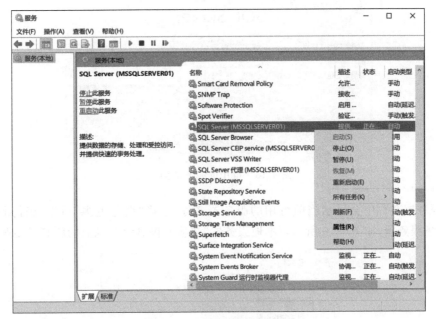

图 1-16　"服务(本地)"界面

2. 打开 SQL Server Management Studio

打开如图 1-14 所示的 Microsoft SQL Server Management Studio 17 程序，它集成了管理 SQL Server 数据库系统的各种形式的管理工具。首先弹出"连接到服务器"对话框，如图 1-17 所示。在连接服务器时，要选择服务器类型、名称及身份验证模式。

当前可用的服务器类型如图 1-18 所示。

提示：如果对应服务未启动，则连接到服务器会失败，只有服务处于"启动"状态才可以连接成功。

图 1-17 "连接到服务器"对话框

图 1-18 可用的服务器类型

在服务器名称中会显示当前可用的服务器名称,选择"浏览更多"可以查看到本地(本机)和网络服务器,如图 1-19 所示,"本地服务器"选项卡将显示本机上的所有可用服务器。

图 1-19 "本地服务器"选项卡

选择服务器和身份验证方式后，单击图 1-17 中的"连接"按钮，成功后，Microsoft SQL Server Management Studio 窗口如图 1-20 所示，在"对象资源管理器"的当前服务器名称处右击，利用快捷菜单可以实现"停止""暂停""重新启动"的服务管理操作。

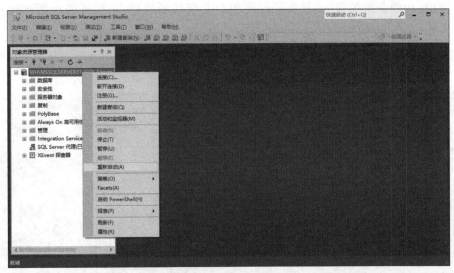

图 1-20　Microsoft SQL Server Management Studio 窗口

1.2.3　安装 Microsoft Visual Studio 2017

打开微软中国官网首页（网址为 https://www.microsoft.com/zh-cn），选择"所有 Micrsoft"，选择 Visual Studio，如图 1-21 所示。

图 1-21　微软中国官网首页

学习情境 1　数据库管理技术

在 Visual Studio 页面上可以看到最新版本的介绍，在 Visual Studio IDE 的"下载 Windows 版"处可以看到有社区（Community）版、专业（Professional）版、企业（Enterprise）版，如图 1-22 所示。其中企业版不仅满足所有规模的团队的开发，也同样适合个人使用，功能非常的强大，具备社区版和专业版的所有优点，另外两个版本也有自己适用的场景，本书使用的是 Community 版。

图 1-22　Visual Studio 首页

页面中显示的是最新版，可以从页面顶端打开"下载"页面，搜索需要的版本，本书使用的是 2017 专业版，选择下载后，会先下载一个 exe 可执行文件，如图 1-23 所示。

在弹出的 vs_professional 文件的下载对话框中，可选择"运行"或"保存"，下载后运行或直接运行就可以在线安装 Visual Studio。安装时会预先安装部分支持程序，安装结束后，弹出安装界面，需要用户手动选择所需的工作负载，如图 1-24 所示。如果只开发基于 Windows 的项目，可选择 Windows 中的 3 项；如果要开发基于 Web 的项目，要选择"Web 和云"中的"ASP.NET 和 Web 开发"，本书是基于 B/S 架构的 Web 项目，所以只选择"ASP.NET 和 Web 开发"项，需要注意的是，选得越多，所需磁盘空间越大。

选择工作负载后，单击图 1-24 中的"安装"按钮，进入 Visual Studio 在线安装界面，如图 1-25 所示。

完成安装后，可以在开始菜单的所有程序中找到 Visual Studio 2017，如图 1-26 所示。

第一次启动软件会提醒用户选择熟悉的开发环境，本书以 C♯ 为开发语言，所以选择 Visual C♯，如图 1-27 所示。

图 1-23　下载 Visual Studio

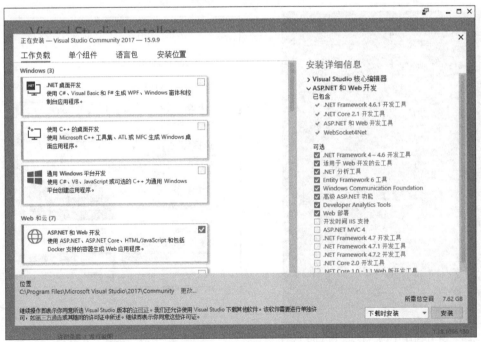

图 1-24　选择工作负载

学习情境 1　数据库管理技术

图 1-25　Visual Studio 在线安装界面

图 1-26　所有程序中的 Visual Studio 2017

图 1-27　选择开发环境

单击"启动 Visual Studio"按钮,等待几分钟后可以打开应用程序窗口,主界面如图 1-28 所示。

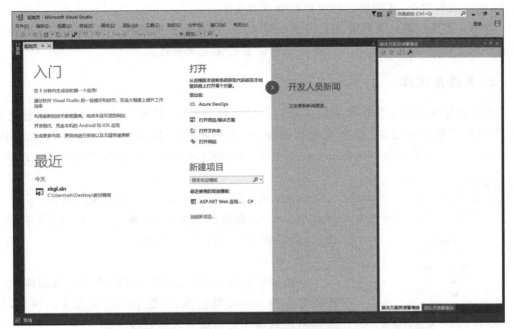

图 1-28 Visual Studio 主界面

任务 1-3　创建和管理数据库

1.3.1　基本概念

1. 数据库文件

数据库在操作系统上以文件方式存储,数据库文件分为行数据文件和日志文件两类。在 SQL Server 数据库管理系统中,行数据文件可以存储到不同文件组中,方便数据库文件的管理。

(1) 行数据文件。

行数据文件分为主行数据文件和次行数据文件两类。

① 主行数据文件。

主行数据文件和数据库的关系是 1∶1 的,每个数据库都必须有且只能有一个主行数据文件,系统推荐的主行数据文件扩展名是 mdf。

② 次行数据文件。

次行数据文件和数据库的关系是 1∶n 的,每个数据库可以有 0 到多个次行数据文件,系统推荐的次行数据文件扩展名是 ndf。

(2) 日志文件。

日志文件中存储有用于恢复数据库的所有日志信息,每个数据库至少要有一个日志文件,也可以有多个,系统推荐的文件扩展名是 ldf。

注意:文件组是用来对数据文件进行分组的,对日志文件无效。每个数据库中都必须有一个主文件组(PRIMARY),用户也可以自己定义文件组。

2. 系统数据库

系统数据库指的是数据库安装成功后自带的数据库,这些系统数据库中存放有重要数据,用户尽量不要破坏、修改系统数据库,也不要将用户数据存放在系统数据库中。SQL Server 中的系统数据库有 master、model、msdb、tempdb 四个,如图 1-29 所示。

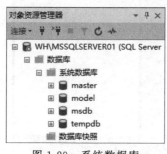

图 1-29 系统数据库

(1) master。

master 数据库中记录着所有系统级信息,如系统存储过程、用户数据库的基本信息,如果 master 数据库不能使用,会导致 SQL Server 无法启动。

(2) model。

model 数据库是用户数据库的模板,新建数据库的初始参数参照 model 数据库,改变 model 数据库的属性,则后续新建数据库的初始属性随之改变。

(3) msdb。

msdb 数据库用于存储代理计划、警报、作业以及与备份和恢复相关的信息,尤其是 SQL Server Agent 需要使用它来执行安排工作和警报、记录操作者等操作。

(4) tempdb。

tempdb 数据库存储着所有用户都可用的全局资源,可以保存临时存储信息,如临时表、临时存储过程等。

1.3.2 创建数据库

SQL Server 创建数据库对象(数据库对象是数据库的逻辑对象,而非磁盘上的物理文件,常见的数据库对象有数据库、键、约束、视图、关系图、默认值、规则、存储过程、触发器等)可采用图形化(SQL Server Management Studio 中采用鼠标、键盘配合的方法)和执行 T-SQL 命令两种方法实现。

1. 使用 SQL Server Management Studio 创建数据库

从所有程序中打开 SQL Server Management Studio,选择服务器类型"数据库引擎"后连接服务器,打开 SSMS,在"对象资源管理器"的"数据库"文件夹处右击,在快捷菜单中选择"新建数据库"命令,如图 1-30 所示,打开"新建数据库"窗口。

在"新建数据库"窗口的"常规"选项卡中输入数据库名 MYDB,输入数据库名时,主行数据文件和日志文件的逻辑名称会随着数据库名自动删减,也可修改其逻辑名称。

主行数据文件和日志文件的初始大小为 8MB,用户也可以根据需要修改。单击"自动增长/最大大小"后的按钮可以设置各文件的增长方式和最大大小。

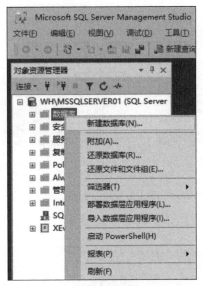

图 1-30 新建数据库窗口

文件默认存储路径为安装目录下的文件夹,可以直接输入路径修改存储路径,也可以单击按钮选择存储路径;文件名处可以不输入,系统会自动用文件的逻辑名加上推荐扩展名作为文件名,也可以输入文件名,如图 1-31 所示。

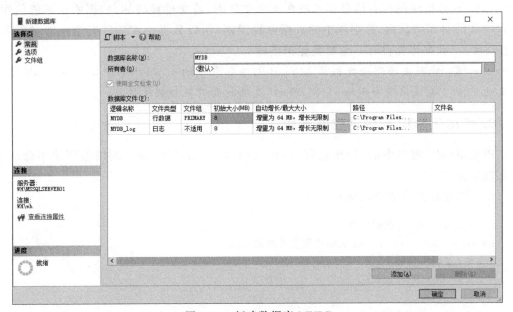

图 1-31 新建数据库 MYDB

单击图 1-31 窗口中的"添加"按钮可以为当前数据库增加文件,需要输入与现有逻辑名不重复的逻辑名,默认文件类型为"行数据",如图 1-32 所示,为数据库 MYDB 增加了两个行数据文件,其中第 4 个文件的文件名为 b.abc(未使用推荐扩展名)。

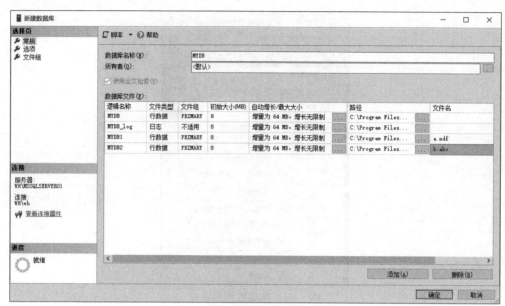

图 1-32 为数据库 MYDB 添加文件

在"文件组"选项卡中可以添加和设置文件组的相关属性。单击"确定"按钮,可完成图形化创建数据库的任务。

MYDB 数据库的所有信息都存放在 4 个文件中,若文件被破坏,数据库也不能使用,若这些文件被非法获取,数据库中的数据也将泄露,所以数据库文件的安全性非常重要,SQL Server 数据库文件有一套自我保护措施。

试一试:能否成功删除数据库 MYDB 文件目录中的 a.ndf? 能否成功将 a.ndf 复制到其他目录? 再试试能否删除、复制、移动、直接打开其他数据文件?

2. 使用 T-SQL 命令创建数据库

单击 SSMS 窗口中的"新建查询"按钮,打开命令编辑器,命令编辑器可使用命令方式创建数据库。

(1) 创建数据库的语法格式。

```
CREATE DATABASE 数据库名
ON [PRIMARY] --PRIMARY 表示所属文件组的名称
(NAME=逻辑文件名,
  FILENAME=实际文件名,
  SIZE=初始大小,
  MAXSIZE=最大文件大小|unlimited,
  FILEGROWTH=增量)[,...]
LOG ON
(NAME=逻辑文件名,
  FILENAME=实际文件名,
  SIZE=初始大小,
```

```
    MAXSIZE=最大文件大小|unlimited,
FILEGROWTH=增量) [,...]
```

(2) 示例。

```
CREATE DATABASE db1
```

功能说明：创建数据库 db1，数据文件和日志文件的属性与 model 相同，这是创建数据库的最简语句。

```
CREATE DATABASE db2
ON
(NAME=db2,
  FILENAME='D:\SQL\db2.mdf' )
```

功能说明：创建数据库 db2，指定了主数据文件的逻辑名 NAME 为 db2，物理名 FILENAME 为 D:\SQL\db2.mdf，并存放在 D 盘 SQL 文件夹下（先要保证 D 盘存在 SQL 文件夹）。主数据文件采用推荐扩展名 mdf，主数据文件的其他属性和日志文件的属性与 model 数据库相同。可见在创建数据库时，可以省略后 3 个文件属性的赋值。

```
CREATE DATABASE db3
ON
(NAME=db3,
  FILENAME='D:\SQL\db3.abc',
  SIZE=4MB,
  MAXSIZE=unlimited ,
  FILEGROWTH=12%)
```

功能说明：创建数据库 db3，指定了主数据文件的所有属性，初始大小为 4MB，无限增长，空间不足时的增长量为 12%，主数据文件没有采用推荐扩展名，而是用 abc，这并不影响数据库的运行，后 3 个属性的书写顺序可以调换，日志文件的属性采用默认取值。

```
CREATE DATABASE db4
ON
(NAME=db4,
  FILENAME='D:\SQL\db4.mdf' )
LOG ON
(NAME=db4_log,
  FILENAME='D:\SQL\db4.ldf' )
```

功能说明：创建数据库 db4，指定了主数据文件和日志文件的部分属性，日志文件的后 3 个属性可以省略书写顺序，也可以调换。

```
CREATE DATABASE db5
ON
(NAME=db5,
  FILENAME='D:\SQL\db5.mdf' ),
```

```
    (NAME=db51,
      FILENAME='D:\SQL\db51.ndf',
      SIZE=2MB,FILEGROWTH=1MB,MAXSIZE=100MB)
LOG ON
    (NAME=db5_log,
      FILENAME='D:\SQL\db5.ldf'),
    (NAME=db51_log,
      FILENAME='D:\SQL\db51.ldf')
```

功能说明：创建数据库db5，为数据库指定了两个数据文件和两个日志文件，主数据文件的后3个属性采用默认，次数据文件的所有属性都已指定，2个日志文件仅指定了逻辑名和物理名，文件均存放在D盘SQL文件夹下。

1.3.3 管理数据库

1. 打开数据库

在管理数据库之前，需要先打开数据库，使得要操作的数据库成为当前数据库，当前数据库只有一个。图形化方式下，用鼠标选中数据库名或单击数据库名前的"＋"号，可以展开数据库中的对象。以命令方式设置当前数据库的语句为

```
USE 数据库名
```

例如：

```
USE db5
```

功能说明：打开数据库db5，即将db5设置为当前数据库。

2. 管理数据库

（1）数据库文件管理。

数据库文件有添加、修改和删除三种基本操作。

① 图形化方式。

选择要管理的数据库并右击，在快捷菜单中选择"属性"命令，如图1-33所示。

在数据库属性的"常规"选项卡下可以查看到当前数据库的创建日期、大小及可用空间等信息，如图1-34所示。

在"文件"选项卡可以查看当前数据库已有文件的属性，如图1-35所示。单击"添加"按钮可以为数据库添加行数据文件或日志文件，也可以选中某个文件；单击"删除"按钮可以将文件删除（主行数据文件

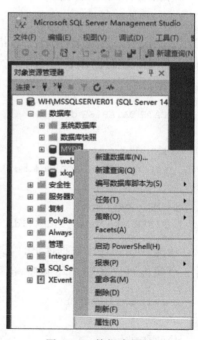

图1-33　数据库属性

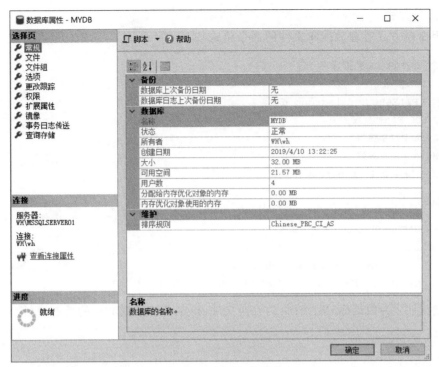

图 1-34 "常规"选项卡

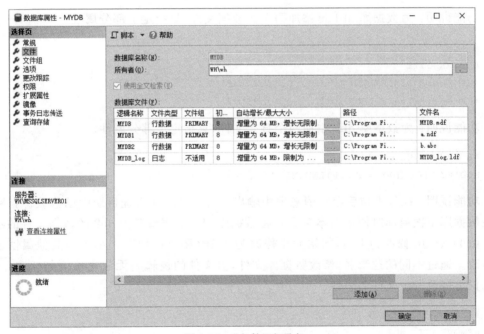

图 1-35 "文件"选项卡

和第一个日志文件无法删除）。

学习情境 1　数据库管理技术

② 命令方式。

使用命令方式管理数据库文件的命令格式如下：

ALTER DATABASE 数据库名
ADD FILE 参数
　　[TO FILEGROUP filegroup_name]
|ADD LOG FILE 参数
|MODIFY FILE 参数
|REMOVE FILE 参数
|ADD FILEGROUP filegroup_name

例如：

ALTER DATABASE db1
ADD FILE
(NAME=db2,FILENAME='D:\SQL\db2.ndf',
SIZE=2MB,MAXSIZE=50MB,FILEGROWTH=1MB)

功能说明：为数据库 db1 添加次数据文件，指定了该数据文件的所有属性。

ALTER DATABASE db1
ADD FILE
(NAME=db3,FILENAME='D:\SQL\db3.ndf'),
(NAME=db4,FILENAME='D:\SQL\db4.ndf')

功能说明：为数据库 db1 再添加两个次数据文件，只指定了部分属性。

ALTER DATABASE db1
ADD LOG FILE
(NAME=db2_log,FILENAME='D:\SQL\db2.ldf'),
(NAME=db3_log,FILENAME='D:\SQL\db3.ldf')

功能说明：为数据库 db1 添加两个日志文件，只指定了部分属性。

ALTER DATABASE db1
MODIFY FILE (NAME=db2,FILENAME='d:\db.ndf',size=4mb)

功能说明：执行语句后会在消息框中输出"文件 'db2' 在系统目录中已修改。新路径将在数据库下次启动时使用"，本条语句将数据库 db1 中逻辑名为 db2 的数据文件的物理位置由 D:\SQL 修改为 D:\，初始大小修改为 4MB（要求比现有大小大），其他属性也可以修改。通过不同的逻辑名，修改数据库文件，但文件的逻辑名无法用该语句修改，一条语句仅可修改一个文件的属性。

ALTER DATABASE db1
REMOVE FILE db2

功能说明：删除数据库 db1 中逻辑名为 db2 的文件。

（2）文件组管理。

文件组同样有添加、修改和删除三种基本操作。

① 图形化方式。

打开"数据库属性-MYDB"窗口，选择"文件组"属性，如图1-36所示。

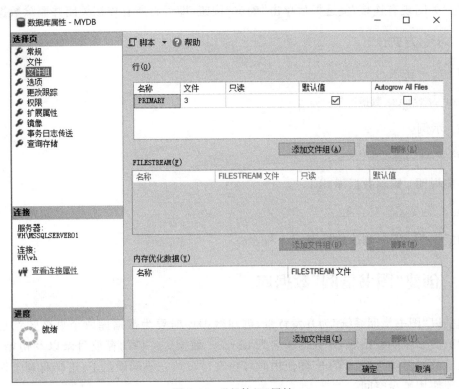

图1-36 "文件组"属性

不可以修改和删除PRIMARY主文件组，单击"添加"文件组按钮可以添加文件组，选中用户建立的文件组后单击"删除"按钮可删除文件组，也可以修改用户文件组的名称等属性。

② 命令方式。

ALTER DATABASE db1 ADD FILEGROUP fp1

功能说明：为数据库db1添加文件组fp1。

ALTER DATABASE db1 REMOVE FILEGROUP fp1

功能说明：删除数据库db1中的文件组fp1。

1.3.4 删除数据库

在不需要数据库时，应删除数据库以释放资源，删除数据库后，与数据库相关的所有文件和数据库对象都将被删除,因此要慎用删除操作。

1. 图形化方式

选中数据库并右击,在快捷菜单中选择"删除"命令,有时数据库中的对象可能正在使用,勾选"关闭现有连接"复选框后单击"确定"按钮,即可将所有连接关闭并删除数据库。

2. 命令方式

(1) 命令格式。

DROP DATABASE 数据库名

(2) 示例。

DROP DATABASE db1

功能说明:删除数据库 db1。

DROP DATABASE db2,db3

功能说明:同时删除数据库 db1 和 db2。

1.3.5 创建"图书借阅"数据库

本书以"图书借阅系统"为开发背景,创建数据库时要为数据库取个见名知意且最好只包含英文字符的数据库名,数据库名为 library,数据库文件的存放目录以及初始大小、最大值以及增量等为默认值,实际使用时可将文件存放在不同硬盘下,这样有利于保护文件及合理使用硬盘空间。

创建 library 数据库的命令如下:

```
CREATE DATABASE library
ON
(NAME=library,FILENAME='D:\library.mdf')
LOG ON
(NAME=library_log,FILENAME='D:\library_log.ldf')
```

任务 1-4 备份和还原数据库

1.4.1 备份的必要性

数据库中存储的数据对用户和管理者都非常重要,而数据库会遭受到来自各方面的威胁,大到自然灾害,小到病毒感染、电源故障乃至操作员操作失误等,都会影响数据库系统的正常运行和数据的一致性,甚至会造成系统完全瘫痪。

数据库备份和恢复对于保证系统的可靠性具有重要的作用,经常性的备份可以有效地防止数据丢失,能够把数据库从错误状态恢复到正确状态。如果用户采取适当的备份策略,就能够在最短的时间内使数据库恢复到数据损失量最少的状态。

SQL Server 支持在线备份,即备份期间无须停止 SQL Server 服务。

1.4.2 数据库备份与恢复的基本概念

1. 数据库备份方式

(1) 完整备份。

完整备份将数据库中的所有文件一起写入备份文件中。完整备份是数据库恢复的起点,是差异备份、事务日志备份、文件和文件组备份的基础,如果没有数据库完整备份,或数据库完整备份丢失、不可用,则无法恢复数据库,也无法进行其他类型的备份。

(2) 差异备份。

差异备份只记录最近一次完整备份后被修改的数据,差异备份产生的文件较小,备份时间短,适用于数据改动频繁的数据库。

(3) 事务日志备份。

事务日志备份只记录最近一次事务日志备份后的所有事务日志,该备份方式对时间空间的要求更小。

(4) 文件或文件组备份。

这种方式只备份文件或文件组,与事务日志备份配合执行才有意义。

2. 数据库恢复模式

(1) 完整恢复模式。

这种模式用于恢复到失败点或指定时间的数据库。

(2) 简单恢复模式。

这种模式可以恢复到上一次备份点。

(3) 大容量日志恢复模式。

这种模式与完整恢复模式相似,但不能恢复到指定的时间点。

3. 设置数据库恢复模式

展开数据库属性,选择"选项",在"恢复模式"下拉列表中选择即可,默认采用完整恢复模式,如图 1-37 所示。

1.4.3 备份数据库到文件

1. 将数据库 library 完整备份到文件

选中数据库 library 并右击,在快捷菜单"任务"中选择"备份"命令,如图 1-38 所示。

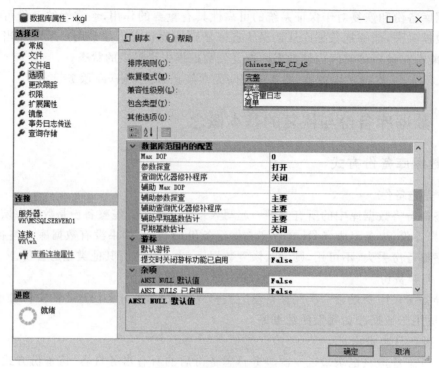

图 1-37 数据库恢复模式

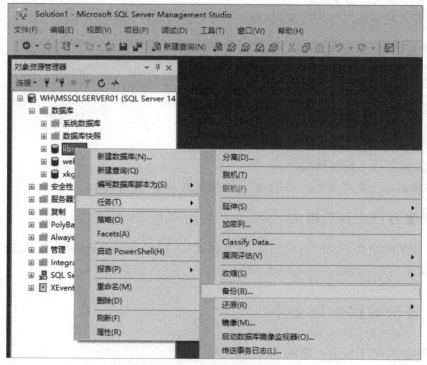

图 1-38 数据库备份命令

含有默认备份目标的窗口如图 1-39 所示。为了能快速找到备份文件,可删除默认备份目标,备份文件的推荐扩展名为 bak,也可以使用其他扩展名或不使用扩展名,都不影响数据库的使用。

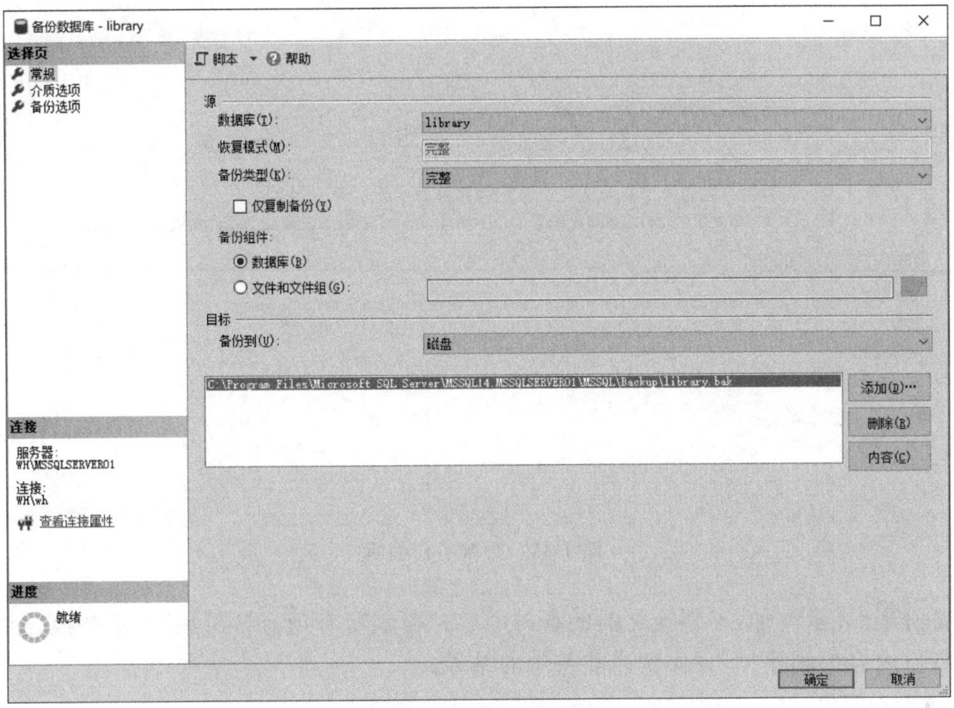

图 1-39　默认备份目标

单击"添加"按钮,弹出"选择备份目标"对话框,如图 1-40 所示,选中"文件名"单选按钮(数据库中若没有创建备份设备,则"备份设备"单选按钮不可选),在"备份到"下面的文本框中直接输入"D:\library.bak",或通过文本框后的按钮选择 D 盘后输入文件名 library.bak,确定后,第一次备份一定要选"完整"备份,因为完整备份是数据库还原的起点。备份数据库界面如图 1-41 所示。

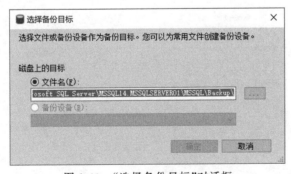

图 1-40　"选择备份目标"对话框

"介质选项"界面如图 1-42 所示,数据库备份文件可以存储多次备份的结果,"追加到

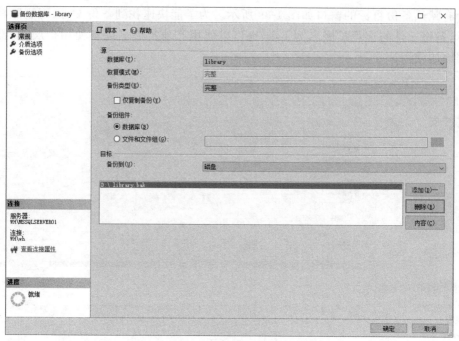

图 1-41　更改备份目标

现有备份集"表示增加,不替换之前的备份内容;"覆盖所有现有备份集"表示替换,会将之前的备份内容都删除掉,只保留当前备份的结果。

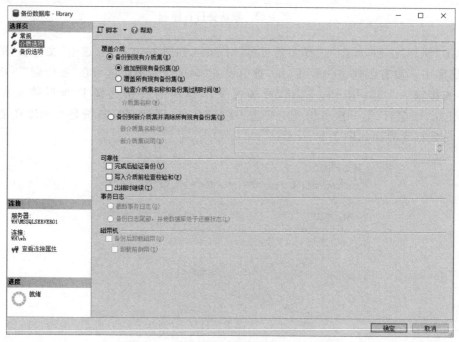

图 1-42　备份数据库之"介质选项"界面

"备份选项"界面如图 1-43 所示。备份集的过期时间设置为"晚于 0 天"或为备份当天日期,表示永不过期,否则备份集将会在指定天数后或指定日期后过期,过期的备份文件将不能用于还原,这也有效地保护了数据的安全。

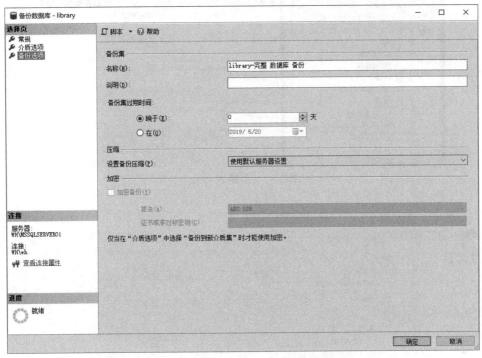

图 1-43　备份数据库之"备份选项"界面

单击图 1-43 界面中的"确定"按钮后,执行备份操作,备份成功后弹出如图 1-44 所示的对话框。

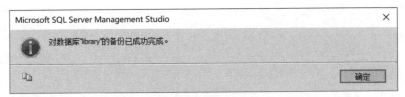

图 1-44　备份成功

2. 在 library 数据库中创建表

在"对象资源管理器"中找到 library 数据库,选中"表"文件夹并右击,在快捷菜单中选择"新建"→"表"命令,输入列名学号、姓名,并保存表名为 table,如图 1-45 所示。

3. 将 library 数据库差异备份到文件

再次备份 library 数据库,备份类型选择"差异",目标仍选择 D:\library.bak 文件,如图 1-46 所示,"介质选项"选择默认的"追加到现有备份集"。

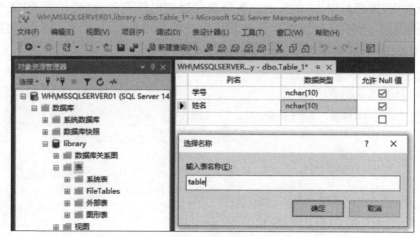

图 1-45　创建表 table

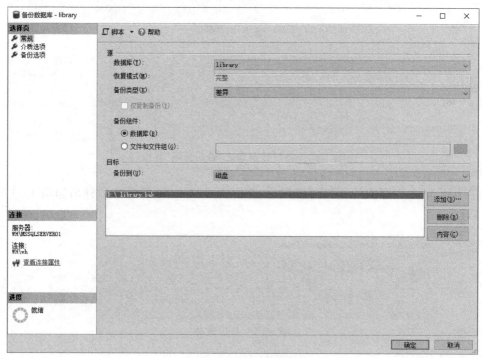

图 1-46　差异备份

1.4.4　备份数据库到备份设备

1. 创建备份设备

展开"对象资源管理器"中当前服务器节点下的"服务器对象"文件夹,在"备份设备"

文件夹处右击,在快捷菜单中选择"新建备份设备"命令,如图 1-47 所示。

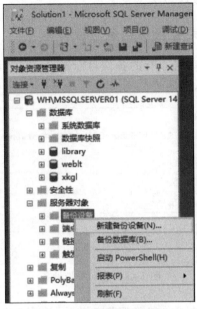

图 1-47　新建备份设备

输入设备名称 bk,在目标处选中"文件"单选按钮,选择路径或输入 D:\bk,如图 1-48 所示。备份设备在操作系统中仍体现为文件。

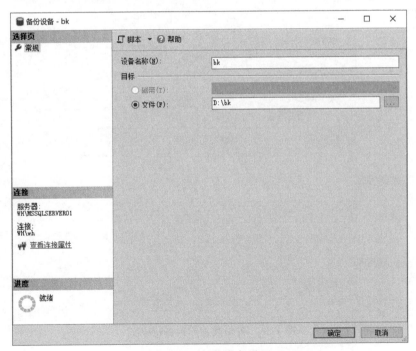

图 1-48　备份设备设置

提示：创建备份设备时不检查文件路径的正确性，如果备份设备中没有存储数据库备份，则该备份设备在操作系统中不产生文件。

2. 将数据库 library 完整备份到备份设备中

再次备份 library 数据库，将原有的备份目标删除，单击"添加"按钮，选中"备份设备"单选按钮，选择备份设备 bk，如图 1-49 所示。

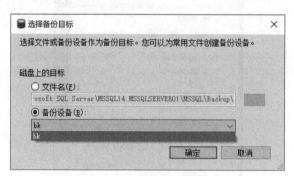

图 1-49　选择备份设备

单击图 1-49 所示对话框中的"确定"按钮后，返回"备份数据库-library"窗口，如图 1-50 所示，单击"确定"按钮即可将数据库 library 完整备份到备份设备 bk 中。

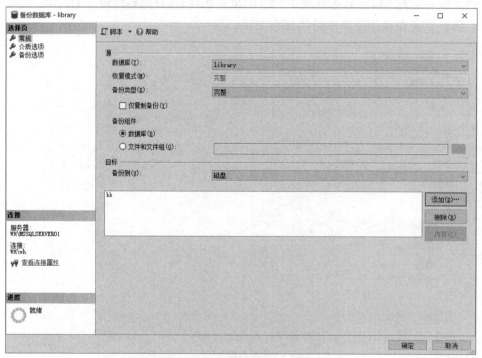

图 1-50　备份数据库到备份设备

1.4.5 还原数据库

1. 从文件还原数据库 library 到第一次完整备份

选中数据库 library 并右击,在快捷菜单中选择"任务"→"还原"→"数据库"命令,如图 1-51 所示。

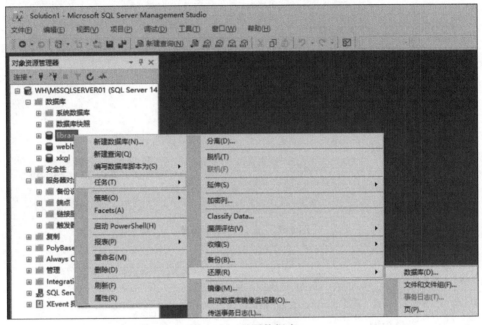

图 1-51 还原数据库

还原时会自动选择数据库最近一次的完整备份,如图 1-52 所示。这里不使用最近的备份。

选中"设备"单选按钮,单击"…"按钮,在"指定备份"对话框中选择"备份媒体"为"文件",单击"添加"按钮,在"定位备份文件_WH\MSSQLSERVER01"窗口中选择 D 盘,并选中 1.4.3 节备份的文件 library.bak,如果备份文件未采用扩展名.bak,文件类型中要选"所有文件",如图 1-53 所示。

单击图 1-53 所示窗口中的"确定"按钮后,返回"选择备份设备"窗口,其状态如图 1-54 所示。

单击图 1-54 所示窗口中的"确定"按钮后,返回"还原数据库_library"窗口,如图 1-55 所示,其中"要还原的备份集"列表中有两个选项,勾选列表中的第一个完整备份复选框。

单击图 1-55 所示窗口中的"确定"按钮,弹出如图 1-56 所示的对话框,则 library 数据库还原成功。

找找看:在还原后的 library 数据库中,数据表 table 是否存在?

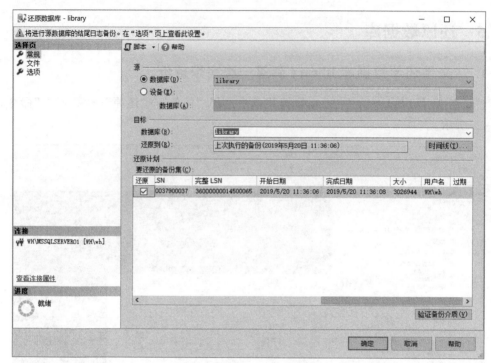

图 1-52 默认还原备份集

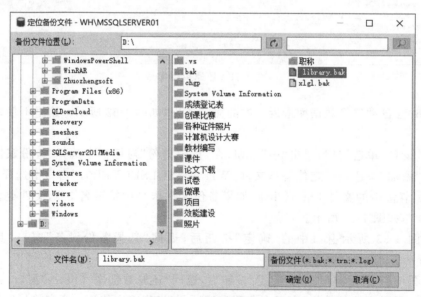

图 1-53 选择备份文件

2. 还原数据库到差异备份点

选择还原数据库 library,"设备"使用 D:\library.bak 文件,勾选差异备份集复选框,

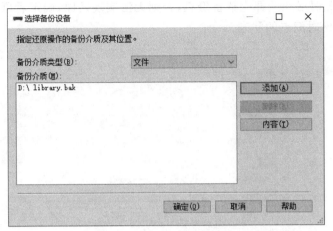

图 1-54 "选择备份设备"窗口

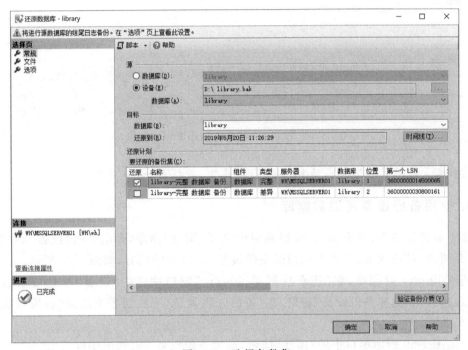

图 1-55 选择备份集

图 1-56 还原数据库成功

如图 1-57 所示,此时必须选择完整备份集,否则无法实现还原,确定后可成功还原 library 数据库到差异备份时间点的状态。

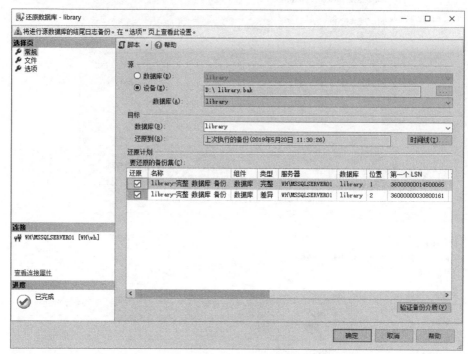

图 1-57　实现差异还原

找找看：查看差异还原后的 library 数据库中,数据表 table 是否存在?

3. 使用备份设备还原数据库

选中备份设备 bk 并右击,在快捷菜单中选择"属性"命令,弹出"备份设备_bk"窗口,选择"介质内容"选项卡,可查看到当前备份设备 bk 的介质内容,如图 1-58 所示。

还原 library 数据库,在"还原数据库_library"窗口中选中"设备"单选按钮后单击"…"按钮,弹出"选择备份设备"窗口,在"备份介质类型"下拉列表中选择"备份设备",如图 1-59 所示。

单击图 1-59 所示窗口中的"添加"按钮,选择备份设备 bk,如图 1-60 所示。

单击图 1-60 所示对话框中的"确定"按钮后,"选择备份设备"窗口如图 1-61 所示。

单击图 1-61 所示窗口中的"确定"按钮后,"还原数据库_library"窗口如图 1-62 所示,单击"确定"按钮,还原数据库成功。

找找看：还原后的 library 数据库中表 table 是否存在?

4. 删除备份设备

右击要删除的备份设备,在快捷菜单中选择"删除"命令,可将备份设备删除。

提示：备份设备删除后,备份设备对应的文件并没有删除。

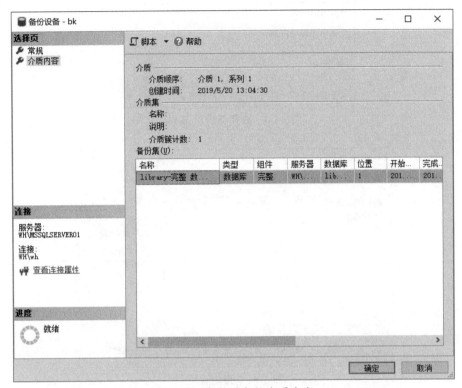

图 1-58 备份设备的介质内容

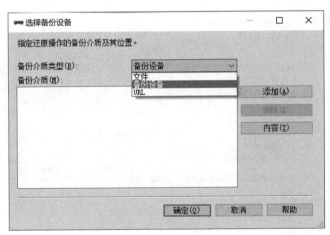

图 1-59 选择备份设备

5. 转移数据库

上述的数据库还原任务中,被还原数据库仍然在使用。如果被还原数据库不存在,有备份文件,也可以还原数据库。执行下列操作,模拟转移数据库。

图 1-60 选择备份设备 bk

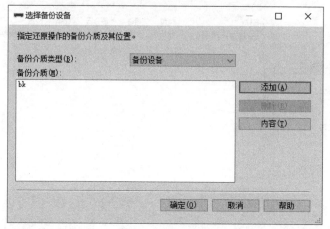

图 1-61 指定备份

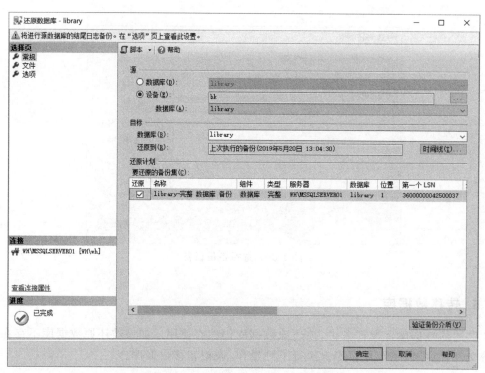

图 1-62 "还原数据库_library"窗口

(1) 删除数据库 library。
(2) 还原数据库。

在"对象资源管理器"的"数据库"文件夹处右击,在快捷菜单中选择"还原数据库"命令,如图 1-63 所示。

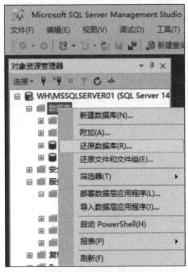

图 1-63 转移性还原

在弹出的"还原数据库_library"窗口中,将设备选择为 D:\library.bak 文件,勾选两个备份集,数据库自动填充为 library(也可以修改),如图 1-64 所示。

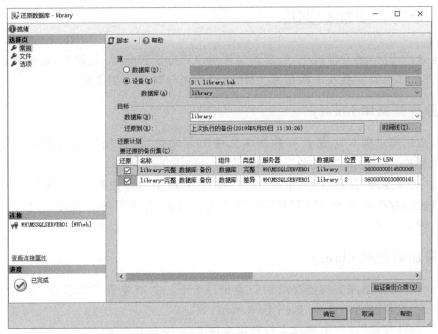

图 1-64 "还原数据库_library"窗口

学习情境 1 数据库管理技术

选择"文件"选项卡，可以看到还原数据库文件的数量及存储位置，还可以更改文件的存储位置及文件名，如图 1-65 所示，单击"确定"按钮，还原成功。

图 1-65 "文件"选项设置

1.4.6 分离和附加数据库

创建数据库后，通常情况下，数据库文件是没有办法被删除、复制的，这是数据库自带的保护功能，如果确实要获取数据库文件，可以使用分离和附加操作。

1. 分离数据库 library

分离数据库之前一定要查看数据库文件的存储位置，方便找到数据库文件。选中 library 数据库，右击，执行"任务"→"分离"命令，如图 1-66 所示。

勾选"删除连接"复选框，再单击"确定"按钮，可成功分离数据库，如图 1-67 所示。

分离后的数据库在 SSMS 管理器中就无法看到了，分离后的数据库文件可以完成删除、复制、剪切等操作。

2. 附加数据库 library

将分离后的数据库文件都移动到 D 盘根目录下，在"对象资源管理器"的"数据库"文件夹处右击，选择"附加"命令，如图 1-68 所示。

在"附加数据库"窗口中选择主行数据文件 library.mdf，单击"添加"按钮，选中 MDF

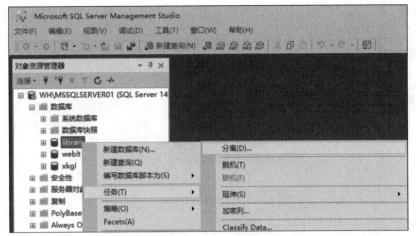

图 1-66 分离数据库

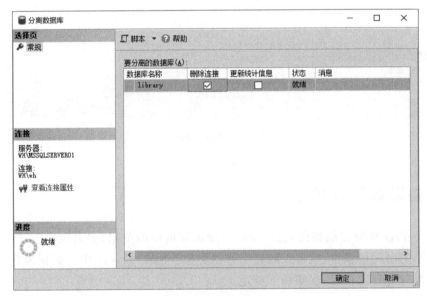

图 1-67 执行分离

图 1-68 执行附加

学习情境 1 数据库管理技术

文件,确定后,若日志文件和 MDF 文件存储在同一目录下,可以自动添加 LDF 文件,若不在同一目录需要手动添加,可修改"附加为"为数据库的名称,如图 1-69 所示,单击"确定"按钮,附加成功。

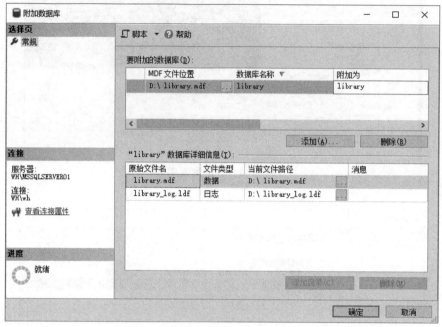

图 1-69　附加数据库

1.4.7　自动备份数据库

SQL Server 支持在线备份,但备份时会增加数据库的负担,如果在早上 3～4 点数据库访问量小的时间段备份,就可以减轻服务器负担。SQL Server 中的数据库代理服务可以实现数据库的自动备份,步骤如下所述。

1. 启动 SQL Server 代理

在"对象资源管理器"中可以看到 SQL Server 代理服务,如果服务未启动,选中后右击,在快捷菜单中选择"启动"命令,如图 1-70 所示,将代理服务启动。

2. 新建作业

启动 SQL Server 代理服务后,选中"作业"文件夹右击,执行"新建"→"作业"命令,如图 1-71 所示。

3. 输入作业名称

在弹出的"新建作业"窗口的"常规"选项下输入作业名称"BackData","说明"部分可

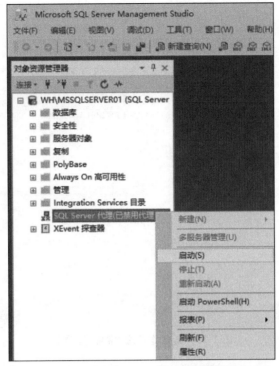

图 1-70　启动 SQL Server 代理服务

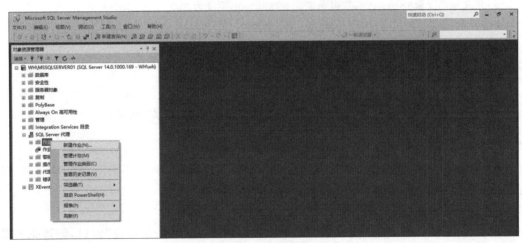

图 1-71　新建作业

写也可省略，加些说明便于数据库管理人员熟悉作业，如图 1-72 所示。

4. 新建步骤

打开"新建作业"窗口中的"步骤"选项卡，单击"新建"按钮，弹出"新建作业步骤"窗口，在"常规"选项卡中输入步骤名称 step1，选择类型为 T-SQL，选择数据库为 library，在

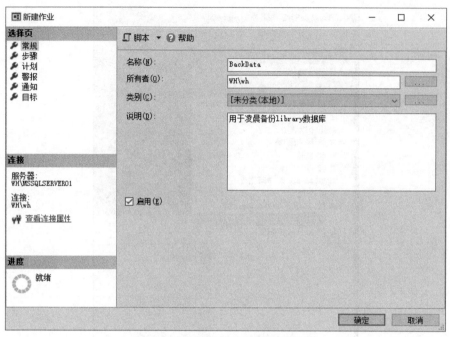

图 1-72　新建作业之"常规"选项卡

空白处输入如下命令：

```
--定义局部变量@strPath,数据类型为NVARCHAR,宽度为200
DECLARE @strPath NVARCHAR(200)
--将当前日期时间赋给局部变量@strPath
set @strPath =convert(NVARCHAR(19),getdate(),120)
--将局部变量@strPath中的":"替换为"."
set @strPath =REPLACE(@strPath,':','.')
--更改局部变量@strPath赋值,加上盘符E、文件夹bak和扩展名".bak"
set @strPath ='E:\bak\' +@strPath +'.bak'
--完整备份数据库library到指定磁盘路径@strPath
BACKUP DATABASE library TO DISK =@strPath WITH NOINIT, NOUNLOAD, NOSKIP, STATS =10, NOFORMAT
```

"新建作业步骤"窗口如图 1-73 所示。

输入完成后单击"确定"按钮完成作业步骤的创建，返回"新建作业"窗口，创建完步骤后可以通过"编辑"按钮修改步骤。

5. 新建计划

选择"新建作业"窗口中的"计划"标签，单击"新建"按钮，弹出"新建作业计划"对话框，输入计划名称 jh1，设置计划类型为"重复执行"、频率为"每天"（还可以选择每周、每月）、每天频率为"执行一次，时间为 3:00:00"，其他属性使用默认值。单击"确定"按钮返回"新建作业"窗口，再单击"确定"按钮，即完成作业创建，如图 1-74 所示。

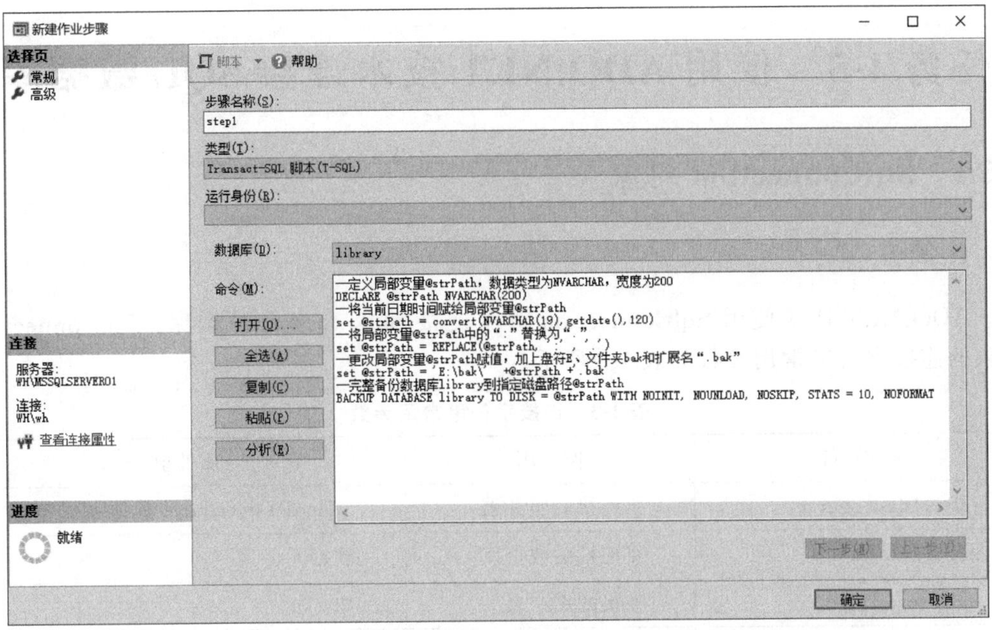

图 1-73 "新建作业步骤"窗口

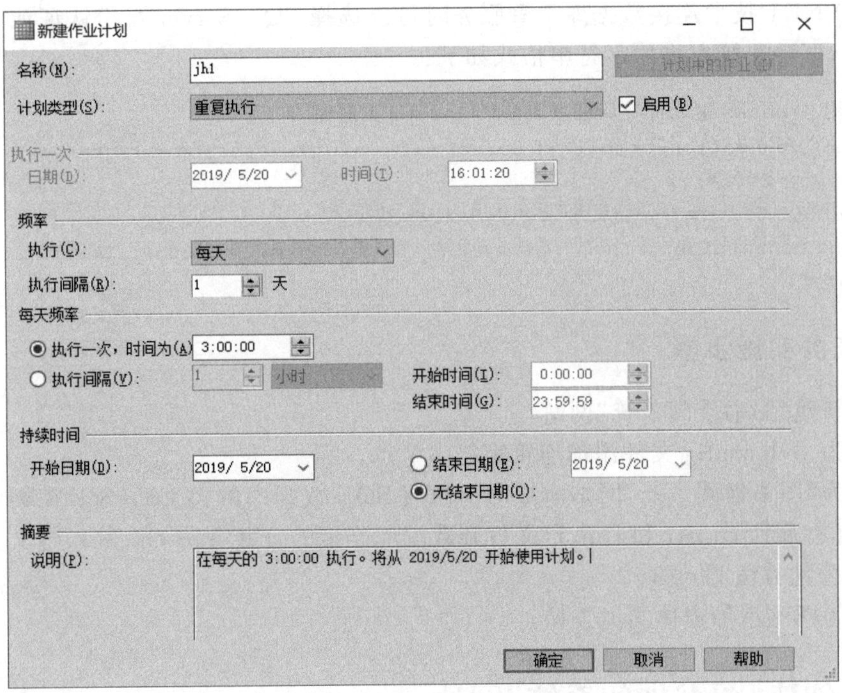

图 1-74 "新建作业计划"窗口

该作业可以让系统在每天的 3 点执行一次步骤 step1，即完成数据库备份。有关新建作业中的其他标签以及步骤和作业中的其他属性，有兴趣的读者可阅读相关书籍学习。

学习情境 1　数据库管理技术

任务 1-5 使用 ADO.NET 技术连接 SQL 数据库

1.5.1 SqlConnection 对象

1. 简介

ADO.NET 技术使用 SqlConnection 对象连接 SQL Server 数据库。SqlConnection 对象的连接字符串常用参数如表 1-3 所示。

表 1-3 连接字符串常用参数

参 数 名	作 用	属性值
server|data source	要连接的服务器	.|(local)|localhost|具体名称
initial catalog	要连接的数据库	数据库名
uid|user id	连接的用户名	如：sa
password|pwd	登录密码	如：sa 对应密码

ADO.NET 技术连接数据库引擎服务时可以选择 SQL Server 身份认证或 Windows 身份认证，两种连接方式的字符串格式如下：

```
//使用 Windows 集成身份认证登录 SQL Server 数据库
string connectionString1 =" Server =.; initial catalog = library; Integrated Security=SSPI";
//使用 SQL Server 身份认证登录 SQL Server 数据库
string connectionString2 ="server=.; uid=sa; pwd=123456; initial catalog=library";
```

2. 任务实施步骤

（1）新建"图书借阅系统"网站。

（2）为 web.config 文件添加连接字符串节点。

（3）为"图书借阅系统"网站添加用于访问 SQL 数据库的类 ConnSql，在类中添加引用、定义私有属性 constr 和 con、定义打开数据库连接的公共方法 Open()、定义关闭数据库连接的公共方法 Close()。

（4）为网站添加窗体测试连接。

1.5.2 创建"图书借阅系统"网站

1. 启动 Microsoft Visual Studio

从开始菜单查找或搜索，打开 Visual Studio 2017 应用程序，如图 1-75 所示。

图 1-75　打开 Visual Studio 2017 应用程序

2. 新建网站

在 Visual Studio 2017 应用程序窗口中，执行"文件"→"新建"→"项目"命令，在弹出"新建项目"对话框中，选择 Visual C♯ 中 Web 下的"先前版本"，选择"ASP.NET 空网站"选项，名称、位置及其他选项如图 1-76 所示。

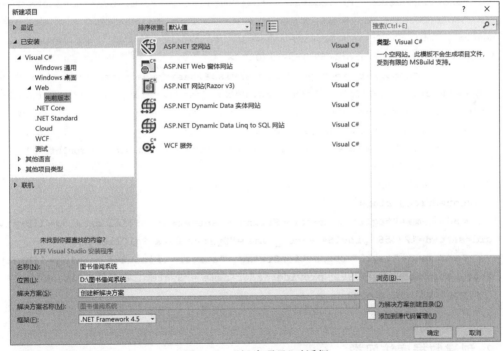

图 1-76　"新建项目"对话框

单击"确定"按钮即可成功创建并打开网站，在"解决方案资源管理器"中可以看到当前网站下的文件。

1.5.3 创建数据库访问类

1. 添加连接字符串

将连接字符串添加到 web.config 文件中，不仅可以保护连接信息，也方便网站的维护，双击"解决方案资源管理器"中的 web.config 文件，增加＜connectionStrings＞节点，代码(倾斜加粗部分为新增的节点)如下：

```
<configuration>
    <system.web>
      <compilation debug="true" targetFramework="4.5"/>
      <httpRuntime targetFramework="4.5"/>
    </system.web>
    <system.codedom>
        <compilers>
            <compiler language =" c # ; cs; csharp" extension =". cs" type =
"Microsoft. CodeDom. Providers. DotNetCompilerPlatform. CSharpCodeProvider,
Microsoft.CodeDom.Providers.DotNetCompilerPlatform, Version=2.0.0.0, Culture=
neutral, PublicKeyToken = 31bf3856ad364e35" warningLevel =" 4" compilerOptions =
"/langversion:6 /nowarn:1659;1699;1701"/>
            <compiler language="vb;vbs;visualbasic;vbscript" extension=".vb"
type =" Microsoft. CodeDom. Providers. DotNetCompilerPlatform. VBCodeProvider,
Microsoft. CodeDom. Providers.DotNetCompilerPlatform, Version=2.0.0.0, Culture=
neutral, PublicKeyToken = 31bf3856ad364e35" warningLevel =" 4" compilerOptions =
"/langversion:14 /nowarn:41008 /define:_MYTYPE=\&quot;Web\&quot; /optionInfer+"/>
        </compilers>
    </system.codedom>
  <connectionStrings >
    < add name="tsgl1" connectionString ="server=.; initial catalog=library;
uid=sa;pwd=123456" providereader_name ="System.Data.SqlClient"/>
    < add name="tsgl2" connectionString ="server=.; initial catalog=library;
Integrated Security=SSPI" providereader_name ="System.Data.SqlClient"/>
  </connectionStrings>
</configuration>
```

2. 创建数据库访问类

在"解决方案资源管理器"的项目名处右击，在快捷菜单中选择"添加"→"添加新项"命令，如图 1-77 所示。

在"添加新项-图书借阅系统"对话框中选择"类"，名称为 ConnSql.cs(类命名时通常将关键字的首字符大写)，如图 1-78 所示。

网站中的类文件通常集中存储在 App_Code 文件夹中，因此单击图 1-78 中的"添加"

图 1-77　为项目添加新项

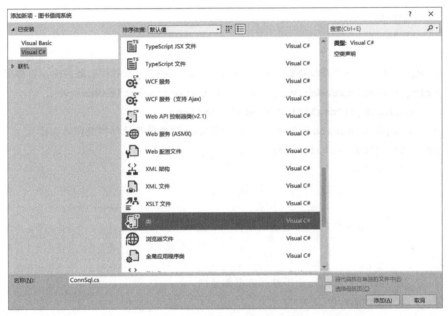

图 1-78　创建 ConnSql.cs 类

按钮后,会弹出如图 1-79 所示的对话框,单击"是"按钮,可以为网站添加 App_Code 文件夹,并且将 ConnSql 类存储在该文件夹中,以后再为网站创建类都会将类的定义文件存储在该文件夹中。

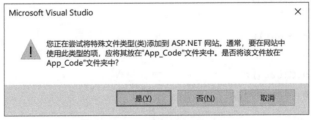

图 1-79　类存储位置选择

学习情境 1　数据库管理技术　53

3. 定义 ConnSql 类

在面向对象程序设计中,要为类定义公共属性和公共方法作为其接口。代码如下:

```csharp
using System;
using System.Collections.Generic;
using System.Linq;
using System.Web;
using System.Configuration;//添加引用,为获取 web.config 文件中的连接字符串服务
using System.Data.SqlClient;//添加引用,为可直接使用 SqlConnection 类服务
/// <summary>
///用于操纵 SQL Server 数据库
/// </summary>
public class ConnSql
{
    //定义静态只读的字符串变量 constr,保存从 web.config 文件中获取的连接字符串 tsgl1
    private static readonly string constr =ConfigurationManager.ConnectionStrings["tsgl1"].ConnectionString;
    //定义 SqlConnection 类的实例 con,注意 con 对象没有使用构造函数实例化
    private SqlConnection con;
    public ConnSql()
    {
        //
        // TODO:在此处添加构造函数逻辑
        //
    }
    //定义公共方法 Open(),用于打开数据库连接
    public void Open()
    {
        con =new SqlConnection(constr);//调用 SqlConnection 类的构造函数对 con 初始化
        con.Open();
    }
    //定义公共方法 Close(),用于关闭数据库连接
    public void Close()
    {
        if (con !=null)
        {
            con.Close();
            con.Dispose();
        }
    }
}
```

1.5.4 测试连接

1. 添加测试窗体

为"图书借阅系统"项目添加新项,选择"Web 窗体"(Visual C#),名称为 Test.aspx,如图 1-80 所示。

图 1-80 添加窗体

2. 为窗体添加 Button 控件并修改属性

选择 Test.aspx 窗体的"设计"视图,从左侧工具箱中拖放一个 Button 控件到窗体中,修改 Button1 控件的 Text 属性为"测试连接",如图 1-81 所示。

图 1-81 添加并设置 Button 控件

3. 编写代码测试功能

双击 Button1 按钮控件,打开 Button1 控件的 Click 事件编写代码,代码如下:

```
protected void Button1_Click(object sender, EventArgs e)
{
   ConnSql con =new ConnSql();//定义 ConnSql 类的实例 con
   con.Open();//使用 con 对象调用打开数据库连接的方法 Open()
   Button1.Text ="连接成功!";
}
```

4. 调试窗体

执行"调试"菜单下的"开始调试"命令或直接按功能键 F5,可启动调试,由于项目中只有 Test.aspx 窗体,所以不用设置网站起始页。

窗体在浏览器中运行后,单击"测试连接"按钮,显示"连接成功!",表明连接数据库成功,如果提醒错误表示连接设置不正确,应根据提示信息修改连接字符串中的相应参数值。

5. 直接连接数据库

除了类封装的数据库访问形式外,也可以将连接代码直接写在控件的事件代码中,直接访问比类封装形式要直观,但代码编写较多且容易重复。

(1) 添加 Button 控件。

在 Test.aspx 窗体中再添加一个 Button 控件,并修改 Text 属性为"直接连接"。

(2) 编写 Click 事件代码。

双击"直接连接"按钮,打开 Button 控件的 Click 事件编写代码,代码如下:

```
protected void Button2_Click(object sender, EventArgs e)
{
    //定义 SqlConnection 类的实例 con 并初始化
     System. Data. SqlClient. SqlConnection con = new System. Data. SqlClient. SqlConnection();
    //为连接字符串属性赋值
    con.ConnectionString ="server=.;initial catalog=library;uid=sa;pwd=123456";
    con.Open();//调用 Open()方法打开数据库连接
    Button2.Text ="连接成功!";
}
```

(3) 测试链接。

调试 Test.aspx 窗体,单击"直接连接"按钮,显示"连接成功!",表明数据库连接正确,若有错,请对照修改连接字符串参数。

实训 1　数据库管理

【实训目的】

1. 能够熟练使用 SQL Server Management Studio 的基本工具。
2. 能够分清 SQL Server 数据库的逻辑结构和物理结构。
3. 能够使用图形化方式和 SQL 语句创建和管理数据库。

【实训要求】

1. 装有 SQL Server 的 PC。
2. 明确能够创建数据库的用户必须是系统管理员，或是被授权具有使用 CREATE DATABASE 权限的用户。

【建议学时】

2 学时。

【实训内容】

1. 分别使用图形化方式和命令方式创建学籍管理系统，其数据库名为 EDUC，主要属性如表 1-4 所示。

表 1-4　EDUC 数据库属性

参　　数	参　数　值
数据库名	EDUC
主行数据文件逻辑名	readers_data
主行数据文件物理名	D:\sql_data\readers_data.mdf
主行数据文件的初始大小	10MB
主行数据文件的最大大小	50MB
主行数据文件增长方式	5%
日志文件逻辑名	readers_log
日志文件物理名	D:\sql_data\readers_log.ldf
日志文件初始大小	2MB
日志文件的最大大小	5MB
日志文件增长方式	1MB

2. 为 EDUC 数据库添加一个大小为 2MB 的次行数据文件,该文件的逻辑名、物理名

等属性请自行设置。

3. 为 EDUC 数据库增加两个行数据文件，逻辑名称分别为 temp1_dat、temp2_dat，物理文件名分别为 temp1_dat.ndf、temp2_dat.ndf，初始大小都是 2MB，最大增长上限都是 12MB，每次增长量都是 2MB。所有文件均放在 D:\sql_data 文件夹下。

4. 为 EDUC 的数据库增加两个日志文件，逻辑名称分别为 temp1_log、temp2_log，物理文件名分别为 temp1_log.ldf、temp2_log.ldf，初始大小都是 2MB，最大增长上限都是 12MB，每次增长量都是 2MB。所有文件均放在 D:\sql_data 文件夹下。

5. 为 EDUC 数据库增加一个名为 Temp_ Filegroup 的文件组。

实训 2　数据库的备份与还原

【实训目的】

1. 能够将数据库备份成文件。
2. 能够创建备份设备。
3. 能够将数据库备份到备份设备中。
4. 能够从备份文件和备份设备中还原数据库。

【实训要求】

1. 掌握数据库备份的基本步骤和方法。
2. 掌握数据库还原的基本步骤和方法。
3. 已学完任务 1-4。
4. 能认真、独立完成实训内容。
5. 实训后做好总结，完成实训报告。

【建议学时】

2 学时。

【预备知识】

用 Transact-SQL 语句备份数据库的方法如下所述。

1. 使用存储过程 sp_addumpdevice 创建备份设备 stu_bak，文件路径为 E:\stu\stu.bak 的 T-SQL 语句如下：

```
sp_addumpdevice 'disk','stu_bak','E:\stu\stu.bak'
```

2. 将数据库 READBOOK 完整备份到备份设备 stu_bak 中的 T-SQL 语句如下：

```
backup DATABASE READBOOK TO stu_bak
```

3. 将数据库 READBOOK 差异备份到备份设备 stu_bak 中的 T-SQL 语句如下：

```
backup DATABASE READBOOK TO stu_bak WITH DIFFERENTIAL
```

4. 将数据库 READBOOK 日志备份到备份设备 stu_bak 中的 T-SQL 语句如下：

```
backup log READBOOK TO stu_bak
```

【实训内容】

1. 创建名为 bk1 的备份设备，保存路径为 D:\backup\test1.bak。
2. 创建数据库 test，将 test 数据库完整备份到备份设备 bk1 中。
3. 将 test 数据库完整备份到 D:\backup\test.bak 文件中。
4. 在 test 中创建表 temp1，字段有学号、课程号、成绩、学分，字段的数据类型自选。
5. 将 test 数据库差异备份到备份设备 bk1 中。
6. 将 test 数据库差异备份到备份文件 D:\backup\test.bak。
7. 在 test 数据库中创建表 temp2，字段有学号、课程号、成绩、学分，数据类型自选。
8. 将 test 数据库差异备份到备份设备 bk1 中。
9. 将 test 数据库差异备份到备份文件 D:\backup\test.bak。
10. 删除数据库 test
11. 从设备 bk1 中选择第一个还原选项，将 test 数据库还原，并查看表 temp1 和 temp2 是否存在。
12. 选择合适的还原选项，将 test 数据库恢复到第一次差异备份后的状态，并查看表 temp1 和 temp2 是否存在。
13. 选择合适的还原选项，将 test 数据库恢复到第二次差异备份后的状态，并查看表 temp1 和 temp2 是否存在。

学习情境 2

数据表管理技术

【能力要求】

- 能够使用图形化方式和命令方式管理数据表。
- 能够使用图形化方式和命令方式添加、修改和删除表记录。
- 能够设计并实现添加、删除数据页面的功能。

【任务分解】

- 任务 2-1　管理数据表结构
- 任务 2-2　管理数据表记录
- 任务 2-3　管理数据完整性
- 任务 2-4　设计并实现"添加读者页面"
- 任务 2-5　设计并实现"删除读者页面"

【重难点】

- 创建和修改数据表结构。
- 使用 T-SQL 命令添加、修改和删除数据表记录。
- 使用约束实现数据完整性。
- 添加数据、删除数据页面的设计与实现。

【自主学习内容】

为"邮箱应用系统"数据库创建所需的数据表,用于存储邮箱用户、邮件等数据的信息,并向数据表中添加记录,使用约束实现数据完整性,并实现"邮箱用户注册"页面、"邮件发送"页面、"邮箱用户销户"页面、"删除邮件"页面的功能。

任务 2-1　管理数据表结构

2.1.1　常用数据类型

SQL Server 数据库管理系统提供了种类繁多的数据类型,满足各种应用系统对数据类型的需求。

1. 整型

整型数据是数值型数据中最常见的,不存储小数,整型数据可以用于数学运算,SQL Server 中常见的整型数据如表 2-1 所示。

表 2-1 整型数据

类型名	所占字节数	表示范围
bigint	8	$-2^{63} \sim 2^{63}-1$
int	4	$-2^{31} \sim 2^{31}-1$
smallint	2	$-2^{15} \sim 2^{15}-1$
tinyint	1	$0 \sim 255$

2. 位型(bit)

SQL Server 中的 bit 型只能存储 0(False)或 1(True)两个值,可用于表示逻辑型数据。

3. 货币型

常用货币型数据如表 2-2 所示。

表 2-2 货币型数据

类型名	所占字节数	表示范围
money	8	$-2^{63} \sim 2^{63}-1$
smallmoney	4	$-2^{31} \sim 2^{31}-1$

4. 浮点型

浮点型数据可以用来存储带小数点的数值数据,常用的浮点型数据类型如表 2-3 所示。

表 2-3 浮点型数据

类型名	所占字节数			表示范围	备注
	n 值	精度	字节数		
float[(n)]	1~24	7	4	$-1.79E+308$ $\sim 1.79E+308$	n 为以科学计数法表示的浮点数的尾数,该值决定了精度和存储字节数
	25~53	15	8		
real		4		$-3.40E+38$ $\sim 3.40E+38$	

学习情境 2 数据表管理技术

5. 日期时间型

常用的日期时间型数据如表 2-4 所示。

表 2-4 日期时间型数据

类型名	所占字节数	日期范围	备注
datetime	8	1753-1-1—9999-12-31	表示日期和时间的组合,其时间精度为 3.33ms
datetime2	6~8	1753-1-1—9999-12-31	精度小于 3 时为 6 字节;精度为 4 和 5 时为 7 字节;所有其他精度则需要 8 字节
date	3	0001-01-01—9999-12-31	用于表示日期,不含时间
time	3~5		仅存储时间,精度为 100ns
smalldatetime	4	1900-1-1—2079-12-31	表示日期和时间的组合,时间精度为分钟(min)

6. 字符型

上面介绍的 5 种数据类型都可以看成实现不同功能的数值型数据,它们有各自的特征和使用方法。字符型数据能够存储各种各样的符号,常用的字符型数据如表 2-5 所示。

表 2-5 字符型数据

类型名	所占字节数	存储范围
char(n)	n(输入字符的字节数不足 n 部分用空格填充)	最多 8000 个字符,个数由 n 决定
varchar(n)	n(输入字符的字节数不足 n 部分为空)	最多 8000 个字符,个数由 n 决定
varchar(max)	可变长度的字符串	最多 1 073 741 824 个字符
text	字节数随输入数据的实际长度而变化	最多 2GB 字符数据
nchar(n)	Unicode 字符数据类型,无论是汉字还是英文字符均以 2 个字节存储,与 char 型相似	最多 4000 个
nvarchar(n)	与 varchar 相似,属于 Unicode 字符数据类型	最多 4000 个
nvarchar(max)	可变长度的 Unicode 数据	最多 536 870 912 个字符
ntext	属于 Unicode 字符的长文本类型	最多 2GB 字符数据

7. 用户自定义数据类型

SQL Server 2008 允许用户定义数据类型,可以使用图形化方式和命令方式创建用户定义数据类型。

(1) 使用图形化方式创建用户定义数据类型。

"用户定义数据类型"存储在数据库"可编程性"文件夹下的"类型"文件夹中,如

图 2-1 所示。

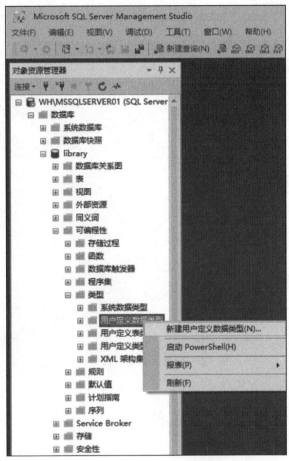

图 2-1 用户定义数据类型

在"用户定义数据类型"文件夹处右击,在快捷菜单中选择"新建用户定义数据类型"命令,弹出"新建用户定义数据类型"窗口,在"常规"选项卡的"名称"处输入 xm,在"数据类型"下拉列表中选择 varchar 型,在"长度"组合框输入 30,不设置默认值和规则,如图 2-2 所示。

单击图 2-2 中的"确定"按钮,就可以在 library 数据库中创建名为 xm 的用户定义数据类型。

(2) 使用命令创建用户定义数据类型。

使用系统存储过程 sp_addtype 创建用户定义数据类型,语法格式如下:

[EXEC] sp_addtype '自定义类型名称','基类型(宽度)'[,可空性]

例如,创建名为 xm1,数据类型为 varchar,宽度为 16,允许空的用户定义数据类型的语句如下:

```
EXEC sp_addtype 'xm1','varchar(16)',NULL
```

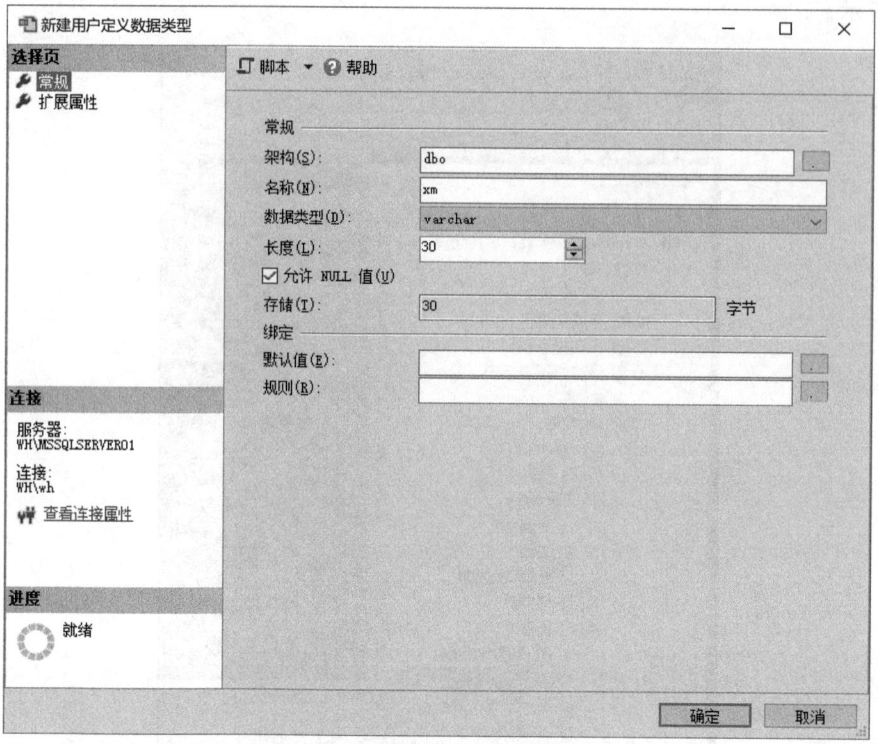

图 2-2 新建用户定义数据类型

2.1.2 为"图书借阅系统"创建表

1.规划设计表

规划设计表在数据库应用系统开发中所起的作用非常关键,作为底层的数据表如果没有规划好,将会影响上层的开发,会产生大量的数据冗余和数据不一致性,也不便于维护和转移,因此在创建关系表之前一定要细心规划设计,然后再着手实施数据表的创建,规划思路可从以下几点考虑。

(1)分析应用系统应包含的信息。

本书的"图书借阅系统"所包含的信息比较简单,有图书信息、读者信息、借阅信息,图书借阅系统应该有管理人员负责基础数据维护,因此需要管理员表。

(2)将信息分化成二维表的形式。

每个信息都可分化成一张或多张二维表,分化成二维表后,根据需要确定每张表应包含的字段,字段的数据类型、宽度,为二维表选择主键(二维表表的主键只能有一个,主键中可以只有一个字段,也可以包含多个字段)。

(3)为二维表和字段取名,为字段选择合适的数据类型和宽度。

表名和字段名应简单易懂,见名知意,少用汉字,多选用简单易记的英文字符;为每张关系表选择主键以保证实体完整性,设置必要的约束以保证域完整性。

本书将"图书借阅系统"的基础数据分化为表 2-6~表 2-10 所示的二维表。

表 2-6　readers（读者信息表）

字段名	数据类型（宽度）	备注	说明
reader_id	char(7)	主键，读者编号宽度应相同，有时不一定全部是数字，或有的数字前含有 0，因此选用 char 型，也可使用 varchar 型，实际项目中，数据宽度应根据客户需求取值	读者编号
reader_name	varchar(20)	最多可保存 10 个汉字或 20 个英文字符、数字或符号，不足部分以空代替	读者姓名
sex	bit	性别只有两类，选用 bit 型以节省存储空间	性别
tel	varchar(11)		联系电话
birthday	datetime	可通过读者年龄分析各年龄段的喜好	出生日期
days	int	实际项目中借阅时间应根据客户需求设置	借阅天数

表 2-7　booktype（图书类型表）

字段名	数据类型（宽度）	备注	说明
type_id	tinyint	主键	类型编号
type_name	varchar(20)		类型名

表 2-8　books（图书信息表）

字段名	数据类型（宽度）	备注	说明
book_id	char(7)	主键	图书编号
book_name	varchar(50)		书名
type_id	tinyint		类型编号
press	varchar(50)		出版社
ptime	date		出版时间

表 2-9　reader_book（读者借阅表）

字段名	数据类型（宽度）	备注	说明
reader_id	char(7)	主键	读者编号
book_id	char(7)	主键	图书编号
btime	date		借阅时间

表 2-10　admin（管理员表）

字段名	数据类型（宽度）	备注	说明
uid	varchar(16)	主键	用户名
pwd	varchar(16)	不空	密码

2. 使用图形化方式创建表

(1) 打开数据库引擎服务器,单击 library 数据库前的＋按钮,右击"表"文件夹,选择"新建"→"表"命令,如图 2-3 所示,在弹出的"表设计器"中输入字段名,选择数据类型和宽度值,再设置是否可为空,如图 2-4 所示。

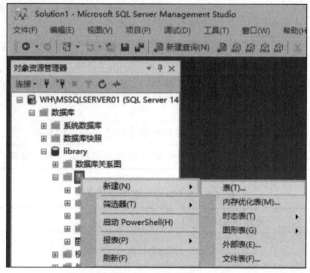

图 2-3　创建表

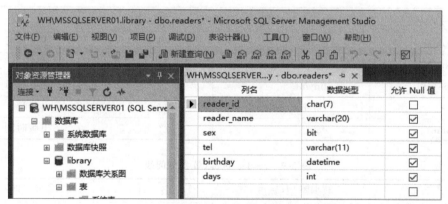

图 2-4　列名、数据类型和宽度设置

(2) 设置主键。选中 reader_id 字段,右击,在快捷菜单中选择"设置主键"命令,可将 reader_id 字段设置为表的主键,主键字段上有个黄色的钥匙形状,如图 2-5 所示。

(3) 设置默认值。选中 birthday 字段,在"列属性"中的"默认值或绑定"文本框中输入'2011-1-1'(注意:日期两端要加英文单引号,否则会被识别成整数相减),设置默认值后,添加表记录时,如果出生日期 birthday 字段没有输入值,会自动填充 2011-1-1(2011年 1 月 1 日),如图 2-6 所示。

图 2-5　设置主键

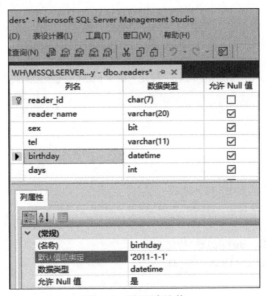

图 2-6　设置默认值

（4）保存数据表。单击工具栏上的"保存"按钮，弹出"选择名称"对话框，输入表名 readers，如图 2-7 所示，单击"确定"按钮即可在 library 数据库中创建数据表 readers。

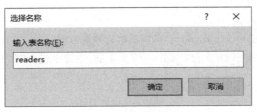

图 2-7　保存数据表

3. 使用 T-SQL 命令创建表

(1) 创建数据表的 T-SQL 命令语法格式如下：

CREATE TABLE 表名 (字段 1 数据类型 [(长度) NULL | NOT NULL IDENTITY(初始值,步长) 字段约束])　[,...])

其中，NULL | NOT NULL：字段取值允许取空值或不允许取空值。IDENTITY(初始值,步长)：定义标识列的关键字，初始值和增量均为整数，也只有整型数据类型的字段才可以定义为标识字段，每张表只能有一个标识字段，IDENTITY(1,1)表示 1,2,3…序列，IDENTITY(100,−1)表示 100,99,98…序列。字段约束：PRIMARY KEY(主键约束)、UNIQUE(唯一键约束)、CHECK(检查约束)，有关约束的创建和使用将在任务 2-3 中详细介绍。

(2) 举例。

① 创建图书类型表。

```
CREATE TABLE booktype --booktype 是表名
(
  type_id tinyint    PRIMARY KEY,--定义主键
  type_name varchar(20) default '待定' NOT NULL--类型名默认值是待定,不允许空
)
```

② 创建图书表。

```
CREATE TABLE books
(
  book_id char(7)    PRIMARY KEY,
  book_name varchar(50) default '待定',
  type_id tinyint,
  press varchar(50) default '待定',
  ptime date default '1999-12-31'
)
```

③ 创建读者借阅表。

```
CREATE TABLE reader_book
(
  reader_id char(7),
  book_id char(7),
  btime date default getdate(),--默认值为当前时间
  PRIMARY KEY(reader_id,book_id)--定义主键,主键中包含两个字段
)
```

④ 创建管理员表。

CREATE TABLE admin

```
(
    uid varchar(16) PRIMARY KEY,
    pwd varchar(16) CHECK(LEN(pwd)>=6)  --检查约束,密码长度要在 6 以上
)
```

2.1.3 维护数据表

建立数据表以后,如非特殊情况,尽量不修改表结构,因为误修改和误删除字段的操作会让数据表丢失数据。管理数据表结构的任务主要有添加字段、修改字段和删除字段,下面分别介绍。

1. 使用图形化方式维护表

选中要修改的数据表,右击,在快捷菜单中选择"设计"命令,如图 2-8 所示,在展开的表设计器中右击,利用快捷菜单中的"设置主键""插入列""删除列"等命令可以完成数据表结构的维护任务,如图 2-9 所示,如果要修改字段的数据类型,重新选择类型即可。

图 2-8 打开表设计器

用图形化方式修改表结构后,需保存才可以生效,SQL Server 默认情况下不允许通过表设计器修改字段的数据类型和宽度(命令不受影响)。在保存修改时如果弹出如图 2-10 所示的对话框,表示所做修改不能保存,可执行"工具"→"选项"命令,单击 Designers 项中的"表设计器和数据库设计器"子项,取消"阻止保存要求重新创建表的更

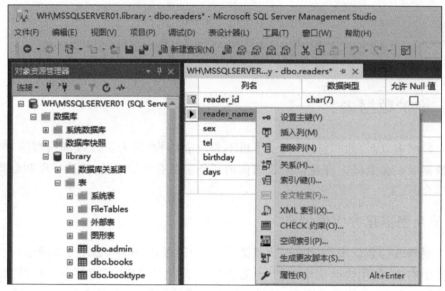

图 2-9　表设计器

改"复选框的勾选,就可将图形化方式的修改正常保存,如图 2-11 所示。

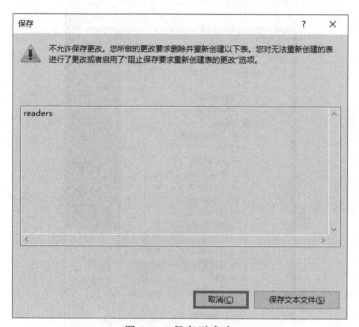

图 2-10　保存不成功

2. 使用命令方式维护表

(1) 使用命令方式维护数据表结构的语法格式如下:

ALTER TABLE 表名

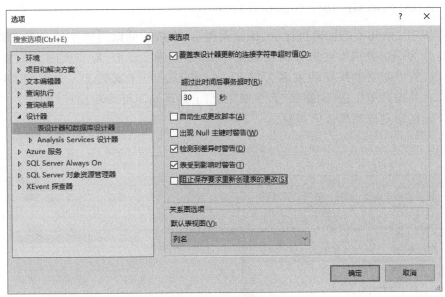

图 2-11　设计器选项

```
ADD (字段名 数据类型[(宽度) NULL|NOT NULL])
|ALTER COLUMN 字段名 新数据类型[(新宽度) NULL|NOT NULL]
|DROP COLUMN 字段名
```

该命令可以为数据表添加新字段，修改和删除已有字段。其中，ADD 子句用于为数据表添加新字段；ALTER COLUMN 子句用于修改数据表中已有字段的属性，可以更改字段的数据类型、宽度和是否可空性；DROP COLUMN 子句用于删除数据表中已有字段。

（2）举例。

`ALTER TABLE readers ADD 电子邮件 varchar(100)`

功能说明：为 readers 表添加"电子邮件"字段。

`ALTER TABLE readers ADD 电子邮件 1 varchar(100) default '123@126.com'`

功能说明：为 readers 表添加"电子邮件 1"字段，并设置字段默认值为 123@126.com。

`ALTER TABLE readers ALTER COLUMN 电子邮件 varchar(80)`

功能说明：将 readers 表"电子邮件"字段的宽度修改为 80。

`ALTER TABLE readers ALTER COLUMN 电子邮件 1 varchar(80) default '123@163.com'`

功能说明：语句将出错，因为 default 值不能用该语句修改。

`ALTER TABLE readers DROP COLUMN 电子邮件`

功能说明：删除 readers 表中的"电子邮件"字段。

学习情境 2　数据表管理技术

```
ALTER TABLE readers DROP COLUMN 电子邮件 1
```

功能说明：语句不能正确执行，出现错误提示，失败的原因是该字段设置了默认值，默认值也作为一个数据库对象存储在数据库中，删除该字段前，应先删除默认值。展开 readers 表，从约束项中找到约束名为"DF__readers__电子邮件1__5DCAEF64"的对象，右击，在快捷菜单中选择"删除"命令删除后，上述语句即可成功执行，如图 2-12 所示，也可用下面的语句删除默认值对象。

```
ALTER TABLE readers DROP DF__readers__电子邮件1__5DCAEF64
```

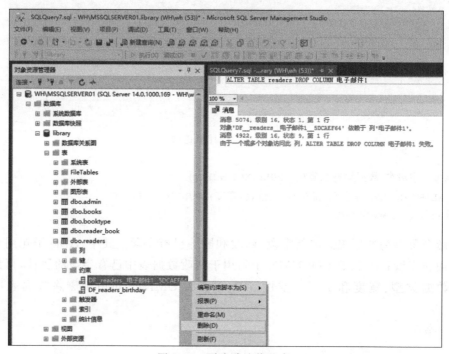

图 2-12 删除默认值约束

2.1.4 删除数据表

1. 图形化方式

在"对象资源管理器"中选中要删除的数据表并右击，在快捷菜单中选择"删除"命令即可删除数据表。

2. 命令方式

使用命令方式删除数据表的语法格式如下：

```
DROP TABLE 数据表 1[,数据表 2,…]
```

例如：

DROP TABLE stu

任务 2-2　管理数据表记录

2.2.1　添加表记录

1. 使用图形化方式添加表记录

打开添加记录窗口。在"对象资源管理器"中选中要添加记录的数据表并右击，在快捷菜单中选择"编辑前 200 行"命令，打开表格形式的表记录编辑器，如图 2-13 所示。

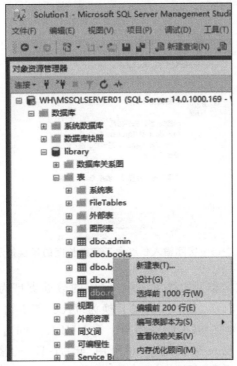

图 2-13　打开表格形式的表记录编辑器

打开 readers 表的记录编辑器后就可以为 readers 表添加记录。在添加表记录时要注意以下事项。

（1）主键字段值不可重复。readers 表的 reader_id 字段是主键，在添加记录时，reader_id 字段值不能与已有记录的 reader_id 字段值重复，否则会弹出如图 2-14 所示的错误。

（2）字段的输入数据宽度不能大于定义宽度。reader_id 字段的数据类型和宽度为

char(7)，如果输入值的宽度大于 7，当光标移动到其他行时，则会弹出如图 2-15 所示的错误，这样的错误均是因实际输入长度大于定义长度引起的，减少输入长度或修改定义宽度，可成功添加数据。

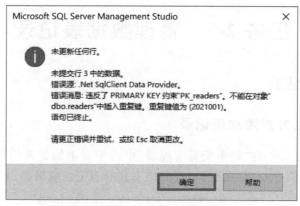

图 2-14　主键重复的错误提示

图 2-15　实际输入长度大于定义长度的错误提示

（3）输入值要满足数据类型的要求。sex 字段的数据类型为 bit，只有 0 或 1 两种取值，输入 0 会自动替换为 False，输入 1 自动替换为 True，若不输入，因没有为 sex 字段设置默认值且允许空，于是为空 NULL（空值与字符 NULL 不同）。

birthday 字段为 datetime 类型，输入时可用"年-月-日"的格式，时间不输入自动用 00:00:00 替代，因为字段设置了默认值"2011 年 1 月 1 日"，当未输入时，用默认值填充。

（4）记录自动提交。SQL Server 数据库管理表记录时无须用户单击"保存"按钮保存数据，当编辑行失去焦点后即向服务器提交数据，没有错误则数据提交成功。数据库初学者十分不适应这种方式，所以在管理表记录时要仔细，一旦提交就没有撤销操作。

除了上述 4 点，带铅笔形状的行表示正在被编辑，带 * 的行表示可以添加新行的位置，某字段的值被修改后会在字段尾出现红色的感叹号，提交成功后可消失，数据未提交时要撤销输入，可按功能键 Esc。记录编辑器如图 2-16 所示。

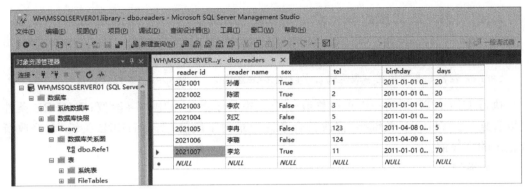

图 2-16　记录编辑器

2. 使用命令方式添加表记录

（1）使用命令方式添加表记录的语法格式如下：

INSERT [INTO]表名 [(字段 1,字段 2,…)] VALUES (表达式 1,表达式 2,…)

其中，INTO 关键字可以省略；字段数量与表达式的数量和对应数据类型都要一致；字符型和日期型数据的前后要加英文单引号界定符，bit 型和数值类直接书写；当为表中的所有字段按顺序添加值时，可省略字段名部分。

（2）举例。

```
INSERT INTO readers(reader_id,reader_name,sex,tel,birthday,days) VALUES
('2021005','李冉',0,'123','2011-4-8','5')
```

功能说明：向 readers 数据表添加一条记录，为所有字段赋值。

```
INSERT INTO readers VALUES('2021006','李璐',0,'124','2011-4-9','50')
```

功能说明：向 readers 数据表添加一条记录，省略了字段名列表。

```
INSERT INTO readers(reader_name,reader_id,days) VALUES('李龙','2021007','70')
```

功能说明：添加一条记录，只为表中的部分字段赋值，且字段的顺序与原始顺序不一致。

2.2.2　修改表记录

1. 使用图形化方式修改表记录

在"对象资源管理器"中选中要修改记录的数据表，右击，在快捷菜单中选择"编辑前200 行"命令，在记录编辑器中找到要修改的记录行，直接修改即可，修改记录时要注意主键不重复、输入长度不多于定义长度、取消未提交的修改按 Esc 键等事项。

2. 使用命令方式修改表记录

(1) 使用命令方式修改表记录的语法格式如下：

UPDATE 表名 SET 字段名 =表达式 [,字段名 2=表达式 2…] [WHERE <条件表达式>]

执行 UPDATE 语句一次可以修改一个表中若干条记录中的字段值；WHERE 条件可以省略，有 WHERE 关键字，修改符合条件记录的字段值，无 WHERE 关键字，修改所有记录的字段值。

(2) 举例。

UPDATE readers SET birthday='2019-4-3'

功能说明：将 readers 表中所有读者的 birthday 都修改成 2019-4-3。

UPDATE readers SET birthday='2016-6-6' WHERE sex=0

功能说明：将 readers 表中 sex 为 0 的学生的 birthday 修改成 2016-6-6。

UPDATE readers SET tel=SUBSTRING (reader_id,4,4)

功能说明：将 readers 表中所有学生的 tel 都修改为 reader_id 的最后 4 位，SUBSTRING（字符串，起始位，长度）是一个取子串函数，表示从 reader_id 字段的第 4 位开始取 4 位。

UPDATE readers SET reader_name='李君',sex=1 WHERE reader_id='2021003'

功能说明：将 readers 表中 reader_id 为 2021003 的学生的 reader_name 修改成李君，sex 修改为 1。

2.2.3 删除表记录

1. 使用图形化方式删除表记录

选中要修改记录的数据表，右击，在快捷菜单中选择"编辑前 200 行"命令，在记录编辑器中选中要删除的记录，右击，在快捷菜单中选择"删除"命令即可将记录删除。

2. 使用命令方式删除表记录

(1) 使用命令方式删除数据表记录的语法格式如下：

DELETE [FROM] 表名 [WHERE <条件表达式>]

没有 WHERE 关键字，则删除表中所有记录，有 WHERE 关键字，则只删除符合条件的记录。

(2) 举例。

DELETE readers WHERE birthday>'2021-1-1'

功能说明：删除 readers 表中 birthday 在 2021 年 1 月 1 日以后的记录，如 2021 年 1 月 2 日就符合条件。

2.2.4 导入与导出数据

本节以 readers 表导出为 Excel 文件为主要内容，介绍数据的导入与导出。在"对象资源管理器"中右击 library 数据库，执行"任务"→"导出数据"命令，如图 2-17 所示。

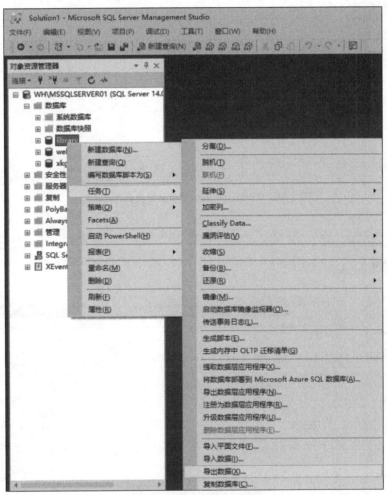

图 2-17 导出与导入数据

在弹出如图 2-18 所示的"SQL Server 导入和导出向导"窗口中单击"下一步"按钮，弹出"选择数据源"界面，其设置如图 2-19 所示。

单击图 2-19 中的"下一步"按钮，弹出"选择目标"界面，"目标"选择 Microsoft Excel，在"Excel 文件路径"文本框中输入或通过浏览按钮选择路径，如图 2-20 所示。

单击图 2-20 中的"下一步"按钮，选择"复制一个或多个表或视图的数据"，继续单击

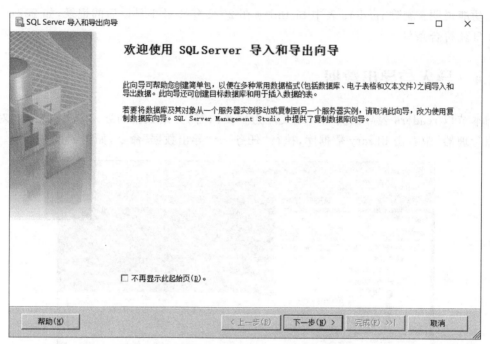

图 2-18 "SQL Server 导入和导出向导"窗口

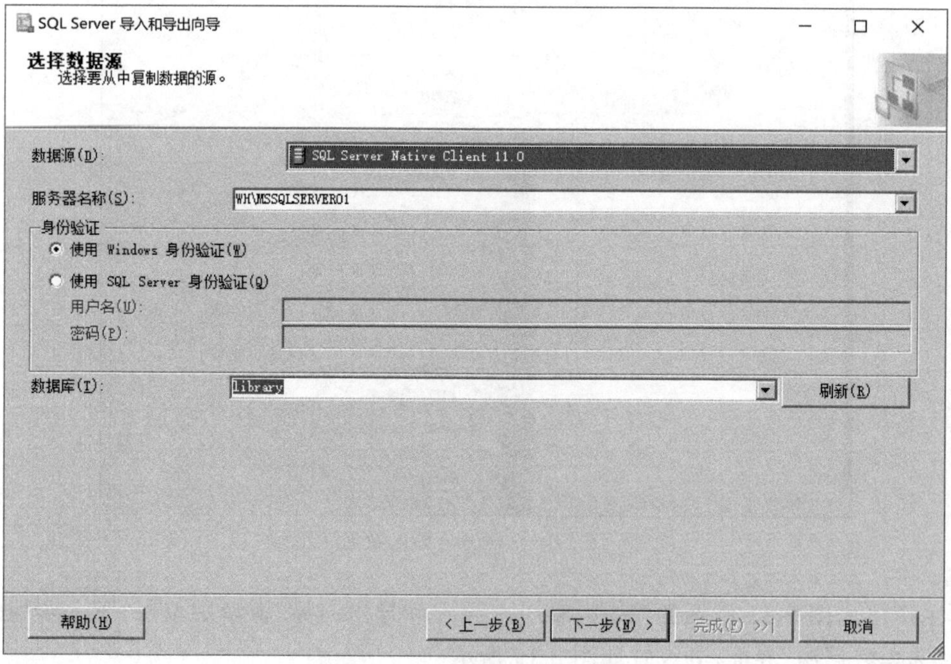

图 2-19 "选择数据源"界面

"下一步"按钮,在"选择源表和源视图"界面中勾选 readers 表前的复选框,也可以一次选多个表,如图 2-21 所示。

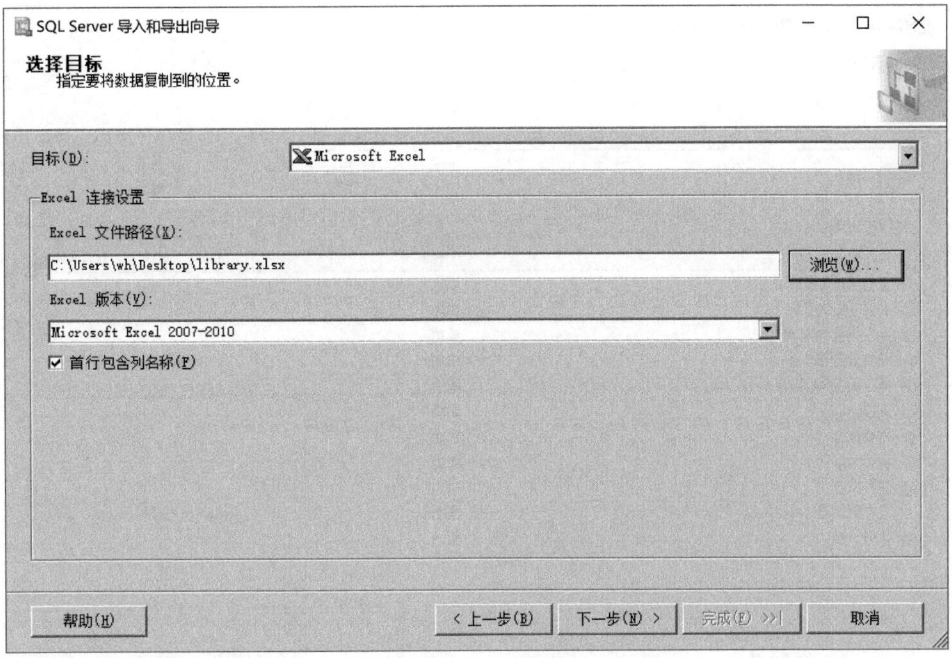

图 2-20　目标设置

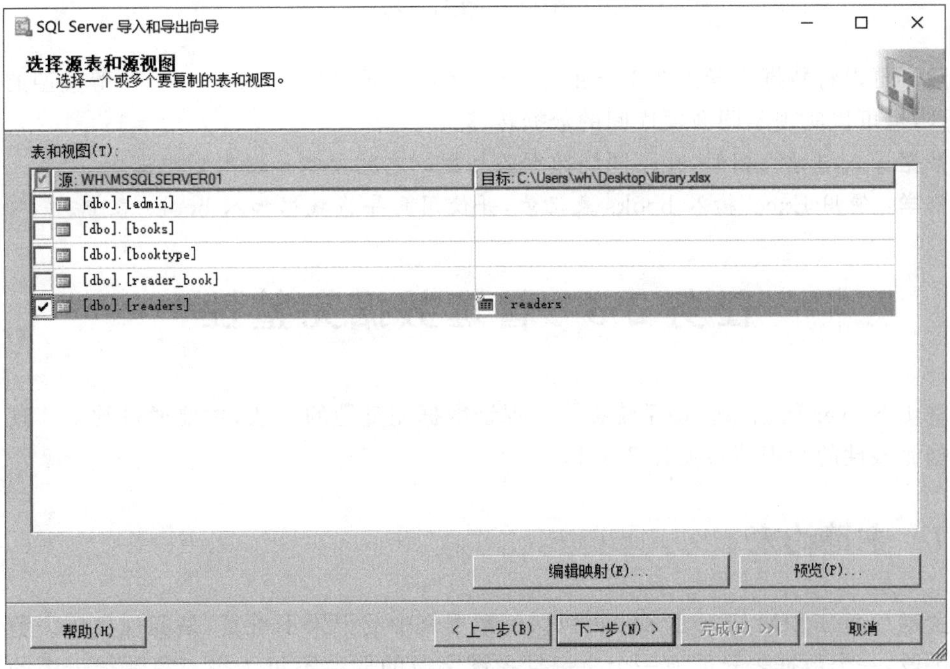

图 2-21　选择源表

继续单击"下一步"按钮,直到出现如图 2-22 所示的窗口时,表示导出成功,单击"关闭"按钮,即可在桌面找到导出的 Excel 文件。

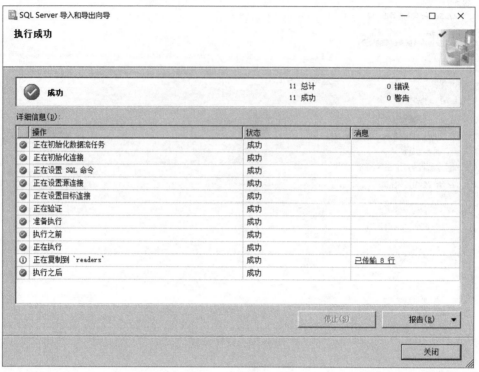

图 2-22　执行成功

除了可以将数据表导出为 Excel 文件外,还可以导出为 Access、Oracle 等类型的数据库文件,也可以实现不同数据库间的数据转移。

数据导入与导出相似,在不同的数据源和目标之间复制与转换数据即可。

自学：使用 Excel 输入 books 表记录,并使用向导将数据加入 books 表中。

任务 2-3　管理数据完整性

SQL Server 数据库管理系统提供了保证数据完整性的方法,主要通过约束实现。有关数据完整性的知识请参见任务 1-1。

2.3.1　主键约束

主键约束(PRIMARY KEY)可以保证数据表中的记录不重复,是实现实体完整性的重要手段,一个数据表只能有一个主键且主键字段的取值不可为空。将数据表中的某字段设置主键后,在添加新记录或修改已有记录的主键值时,不允许与现有记录的主键值重复,有重复则提示错误,使得添加和修改不成功。

1. 查看 readers 表的主键约束

在"对象资源管理器"中单击 readers 表名前的＋,在"键"文件夹中黄色钥匙图标的数据库对象,就是 readers 表的主键约束,PK_readers 是该约束的名称,如图 2-23 所示。

2. 删除 readers 表的主键约束

(1) 使用图形化方式删除主键约束。

选中图 2-23 中的 PK_readers 约束后,右击,在快捷菜单中选择"删除"命令,在弹出的"删除对象"窗口中单击"确定"按钮,即可删除 readers 表的主键约束。

(2) 使用命令方式删除主键约束。

在查询窗口中输入如下命令,执行成功后也可以删除 readers 表的主键约束。

```
ALTER TABLE readers DROP PK_readers
```

readers 数据表中没有主键约束后就不能保证实体完整性要求,如果不小心添加了重复的记录,则数据表将不稳定,直到重复记录被删除为止。

图 2-23　readers 表的主键约束

3. 重新建立 readers 表的主键约束

(1) 使用图形化方式创建主键约束。

在"对象资源管理器"中选中 library 数据库中的 readers 表并右击,在快捷菜单中选择"设计"命令,打开 readers 表设计器,选中 reader_id 字段,右击,在快捷菜单中选择"设置主键"命令,保存成功后可将 reader_id 字段设置为 readers 表的主键。

(2) 使用命令方式创建主键约束。

在命令窗口中输入如下语句可重新为 readers 表建立名为 pk 的主键约束,约束基于 reader_id 字段。

```
ALTER TABLE readers ADD CONSTRAINT pk PRIMARY KEY(reader_id)
```

4. 创建主键约束的方法

(1) 创建数据表时建立主键约束。

语法格式 1：适合主键约束中只有一个字段的情况。

```
CREATE TABLE 表名(字段 1 数据类型 [(宽度) NULL | NOT NULL IDENTITY(初始值,步长) ] PRIMARY KEY[,...])
```

语法格式 2：适合主键约束中有若干个字段的情况。

CREATE TABLE 表名(字段 1 数据类型[(宽度)NULL | NOT NULL IDENTITY(初始值,步长)] [,…,PRIMARY KEY(<字段 1> [,字段 2,…])])

例如,创建 rb 表,主键中含有 reader_id 和 book_id 两个字段,语句如下:

CREATE TABLE xk(reader_id char(7),book_id char(7),PRIMARY KEY(reader_id,book_id))

(2) 向数据表中添加主键约束。

向已建表中添加主键约束的语法格式如下:

ALTER TABLE 表名 ADD [CONSTRAINT 约束名] PRIMARY KEY (字段 1[,…,字段 n]) [,…])

上述为 readers 表重新建立主键约束使用的就是该语法格式。

2.3.2 唯一键约束

数据表的主键约束只能有一个,如 readers 表中的 reader_id 字段已经设置为主键,可以保证 reader_id 字段的取值不重复,而 readers 表中的 tel(电话号码)字段的取值在理论上也应不重复,此时不能再创建主键约束实现此功能,要保证 tel 值的唯一性,SQL Server 数据库管理系统提供了唯一键约束实现。

唯一键约束(UNIQUE KEY)同样可以保证数据表的实体完整性,表中可以没有唯一键约束,也可以创建多个唯一键约束,唯一键约束允许字段取空值(只不过空值只能有 1 行)。

1. 为 readers 表创建唯一键约束

(1) 使用图形化方式创建唯一键约束。

选中 readers 表,右击,在快捷菜单中选择"设计"命令,打开 readers 表设计器,在表设计器任意处右击,在快捷菜单中选择"索引/键"命令,弹出"索引/键"对话框,其中已有 2.3.1 节创建的主键约束 pk,单击"添加"按钮,列表中出现名为 IX_readers 的项,将"(常规)"中的"类型"选择"唯一键"选项,"列"选择 tel 字段(ASC 表示索引的顺序为升序),"标识"中的"(名称)"项可修改索引的名称,如图 2-24 所示。

(2) 使用命令方式创建唯一键约束。

① 创建数据表时创建唯一键约束。

语法格式 1:适合唯一键中只包含一个字段的情况。

CREATE TABLE 表名(字段 1 数据类型[(宽度)NULL | NOT NULL IDENTITY(初始值,步长)] UNIQUE[,…])

语法格式 2:适合唯一键中包含多个字段的情况。

CREATE TABLE 表名(字段 1 数据类型[(宽度)NULL | NOT NULL IDENTITY(初始值,步长)] [,…,UNIQUE (<字段 1> [,字段 2,…])])

② 向数据表中添加唯一键约束。

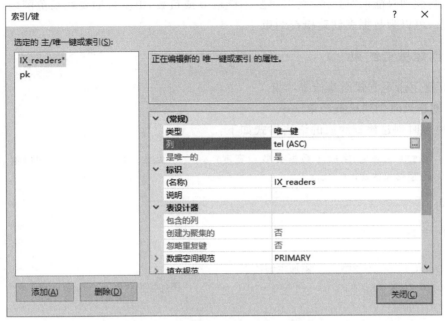

图 2-24 为 readers 表创建唯一键约束

向已建表中添加唯一键约束的语法格式如下：

ALTER TABLE 表名 ADD [CONSTRAINT 约束名] UNIQUE (字段 1[,…,字段 n]) [,…])

2. 查看 readers 表的唯一键约束

查看唯一键约束与查看主键约束一样，向上钥匙形状的数据库对象就是唯一键约束，如图 2-25 所示。

3. 删除唯一键约束

与删除主键约束一样，在"对象资源管理器"中查看到唯一键约束后，右击，在快捷菜单中选择"删除"命令，执行成功即可删除唯一键约束。删除唯一键约束的语法格式如下：

ALTER TABLE 表名 DROP 约束名

2.3.3 检查约束

检查约束（CHECK）是实现域完整性的重要手段。

为字段设置检查约束后可以限制字段的取值范

图 2-25 readers 表中的唯一键约束

围,如限制性别只能取"男"或"女",年龄不能取 0 或负数,出生日期要在某范围内,要实现这些需求,可以为数据表创建检查约束。

1. 创建检查约束

(1) 使用命令方式创建检查约束。

① 创建表时创建检查约束。

创建表时创建检查约束的语法格式如下:

```
CREATE TABLE 表名(字段 1 数据类型 [(宽度) NULL | NOT NULL IDENTITY(初始值,步长) ]
CHECK (逻辑表达式) [,...])
```

例如:

```
CREATE TABLE abc
(
  id int PRIMARY KEY, --添加主键约束
  score FLOAT CHECK(score>=0 AND score<=100) --添加检查约束,score 字段的取值为 0~100
)
```

② 向表中添加检查约束的语法格式如下:

```
ALTER TABLE 表名 [WITH NOCHECK] ADD  [CONSTRAINT 约束名] CHECK (逻辑表达式) [,...])
```

其中,WITH NOCHECK 关键字表示在创建检查约束时不检查现有数据,无 WITH NOCHECK 关键字则要对表中的现有数据进行检查,如有违反现有约束的数据存在,则创建失败。

例如,为 readers 表添加检查约束,要求 birthday 取值在 1995 年 1 月 1 日之后,命令如下:

```
ALTER TABLE readers WITH NOCHECK ADD CHECK(birthday>'1995-1-1')
```

(2) 使用图形化方式创建检查约束。

在"对象资源管理器"中选中要创建约束的 readers 表,右击,在快捷菜单中选择"设计"命令,打开表设计器后在任意处右击,在快捷菜单中选择"CHECK 约束"命令,打开"检查约束"对话框,单击"添加"按钮,自动在列表中添加名为 CK_readers 的约束,在"(常规)"项的"表达式"中输入"birthday<='2027-1-1'",再单击"关闭"按钮,如图 2-26 所示,保存对表结构的修改,成功后即可创建检查约束。

在图 2-26 中,如果要设置取消"检查现有数据",可将"在创建或重新启用时检查现有数据"项选择为"否"。

至此,birthday 字段的取值范围应在 1995 年 1 月 1 日之后,2027 年 1 月 1 日之前。

2. 查看检查约束

如图 2-27 所示,检查约束和默认值约束都显示在"约束"文件夹中,第一个约束名后附带了一串随机字符,是因为使用命令创建约束时没有为约束取名,系统自动命名的原

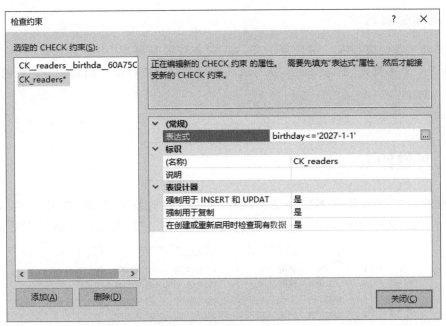

图 2-26 创建检查约束

因。DF_readers_birthday 数据库对象是默认值约束。

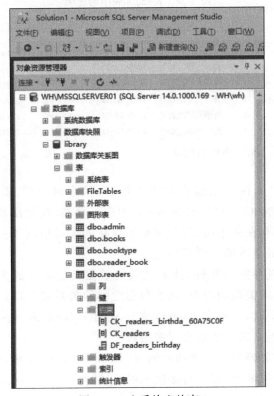

图 2-27 查看检查约束

学习情境 2 数据表管理技术

3. 删除检查约束

与删除主键约束和唯一键约束一样，在“对象资源管理器”中查看到检查约束后，右击，在快捷菜单中选择“删除”命令，执行成功即可删除检查约束。删除检查约束的语法格式如下：

```
ALTER TABLE 表名 DROP 约束名
```

2.3.4 外键约束

外键约束(FOREIGN KEY)是实现参照完整性的重要手段，在开始本节前，为readers、books 和 reader_book 三张表添加如图 2-28、图 2-29 和图 2-30 所示的记录。

	rno	rname	sex	tel	birthday	days
1	2021001	孙倩	1	1	2011-01-01 00:00:00.000	20
2	2021002	陈诺	1	2	2011-01-01 00:00:00.000	20
3	2021003	李欢	0	3	2011-01-01 00:00:00.000	20
4	2021004	刘艾	0	5	2011-01-01 00:00:00.000	20
5	2021005	李冉	0	123	2011-04-08 00:00:00.000	5
6	2021006	李璐	0	124	2011-04-09 00:00:00.000	50
7	2021007	李龙	1	11	2011-01-01 00:00:00.000	70

图 2-28　readers 表中的记录

	bno	bname	tno	press	ptime
1	1000001	数据库	1	清华大学出版社	1999-12-31
2	1000002	面向对象	1	清华大学出版社	1999-12-31
3	1000003	JAVA程序设计	1	清华大学出版社	1999-12-31
4	1000004	网页设计	1	清华大学出版社	1999-12-31
5	1000005	Unity 3D	1	清华大学出版社	1999-12-31

图 2-29　books 表中的记录

	rno	bno	btime
1	2021001	1000001	2019-05-21
2	2021001	1000002	2019-05-21
3	2021002	1000001	2019-05-21
4	2021003	1000009	2019-05-21
5	2021009	1000001	2019-05-21
6	2021009	1000009	2019-05-21

图 2-30　reader_book 表中的记录

reader_book 表中保存的是读者的借阅情况，从中可以看到 2021009 这个读者在 readers 表并不存在，1000009 的书在 books 表中也不存在，这就出现了数据不一致性，不存在的读者借了书，不存在的书被借阅，甚至不存在的读者借阅了一本不存在的书，这些都破坏了数据表之间最基本的参照完整性。

外键约束可以实现参照完整性，使表之间的数据满足必要的关联要求。在任务 1-1 中，介绍了关系数据表间关联的种类，读者与书之间的关系是“多对多”联系，数据库系统无法直接实现多对多关联，分化为 readers 表与 reader_book 表、books 表与 reader_book 表间的两个一对多联系来间接实现多对多关联。

创建外键约束时，要确定主键表和外键表，如果是一对一关联，任意一张表都可选作主键表，另一张表就是外键表，而一对多联系时，一端的表(如 readers 和 books)要作为主键表，多端的表(如 reader_book)作为外键表。

1. 使用图形化方式创建外键约束

打开外键表 reader_book 的表设计器,右击,在快捷菜单中选择"关系"命令,弹出"外键关系"对话框,单击"添加"按钮,在"(常规)"选项中的"表和列规范"中选"主/唯一键基表"为 readers,"外键列"和"主/唯一键列"都选择 reader_id 字段,如图 2-31 所示。

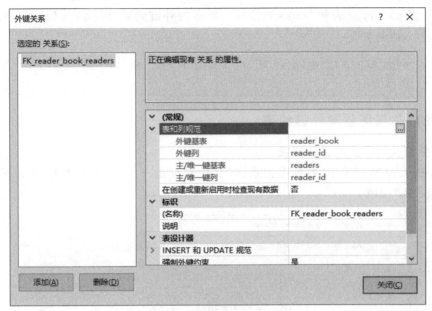

图 2-31 创建外键关系

单击"关闭"按钮,保存对 reader_book 表的修改,如果表中数据满足基本参照完整性要求,则可保存成功,否则保存不成功。要保存成功,可将图 2-31 中的"在创建或启用时检查现有数据"项选择"否",或者将违反参照完整性的数据删除,即可创建成功。

2. 使用命令方式创建外键约束

(1) 创建表时创建外键约束。

语法格式 1:适用于表间的联系字段只有一个的情况。

```
CREATE TABLE 表名(字段 数据类型[(宽度)] [CONSTRAINT 约束名] [FOREIGN KEY]
REFERENCES 主键表[(字段名)] [ON DELETE CASCADE|ON UPDATE CASCADE] [,…])
```

语法格式 2:适用于表间的联系字段有多个的情况。

```
CREATE TABLE 表名([CONSTRAINT 约束名] [FOREIGN KEY] [(字段 1[,…,字段 n])]
REFERENCES 主键表名[(字段 1[,…,字段 n])] [ON DELETE CASCADE|ON UPDATE CASCADE]
[,…])
```

其中,ON DELETE CASCADE 表示级联删除,ON UPDATE CASCADE 表示级联更新。

(2) 为表添加外键约束。

为表添加外键约束的语法格式如下：

ALTER TABLE 表名 ADD [CONSTRAINT 约束名] [FOREIGN KEY] [(字段 1[,…,字段 n])]
REFERENCES 主键表名[(字段 1[,…,字段 n])] [ON DELETE CASCADE|ON UPDATE CASCADE]
[,…]

例如,为 booktype 表和 books 表添加一对多的外键约束,books 为外键表,连接字段均为 type_id,语句如下：

ALTER TABLE books WITH NOCHECK ADD FOREIGN KEY (type_id) REFERENCES booktype (type_id)

3. 使用关系图创建外键约束

(1) 新建关系图并添加数据表。

单击 library 数据库中"数据库关系图"文件夹前的＋,如果弹出如图 2-32 所示的对话框,单击"是"按钮。

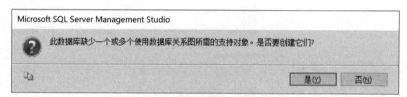

图 2-32　关系图提示对话框

然后在"数据库关系图"文件夹处右击,在快捷菜单中选择"新建数据库关系图"命令,如图 2-33 所示。

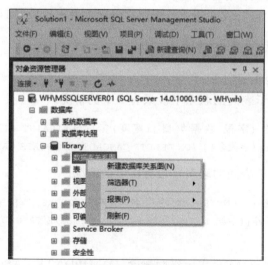

图 2-33　新建数据库关系图

先弹出"添加表"对话框,将 library 数据库中的 5 张表全部选中添加到关系图中,如图 2-34 所示。由于已经使用图形化方式和命令方式创建了 readers 和 reader_book、booktype 和 books 表之间的关联,因此当添加了 5 张表以后,关系图的初始状态如图 2-35 所示。

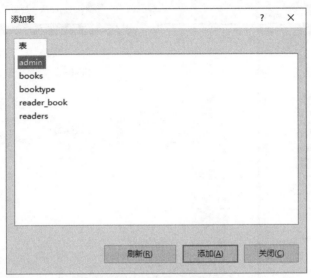

图 2-34 "添加表"对话框

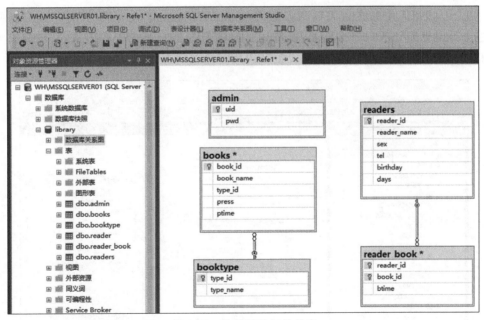

图 2-35 关系图的初始状态

(2) 创建数据表间的外键约束。

由图 2-35 可以看出,books 表与 reader_book 表间的一对多联系还未建立,用鼠标选

学习情境 2 数据表管理技术

中 books*表的 book_id 字段,拖向 reader_book 的 book_id 字段,松开后会自动弹出如图 2-36 所示的"外键关系"对话框,单击"确定"按钮,正确设置"在创建或重新启用时检查现有数据"选项,再保存关系图,成功后即可添加外键约束。

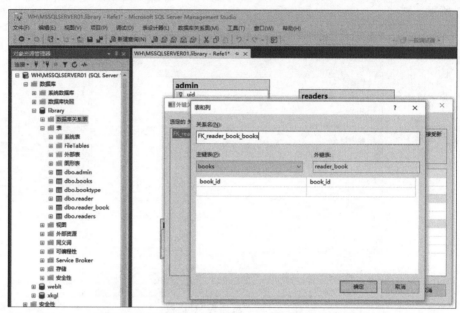

图 2-36 创建 books 表与 reader_book 表的外键约束

library 数据库中最终的关系图如图 2-37 所示,admin 表与另外 4 张表没有任何联系,三个外键约束均为一对多联系,保存该关系图为 Refe1,如果保存不成功,请将影响外键约束的记录去除掉,或将"在创建或重新启用时检查现有数据"项选择"否"。

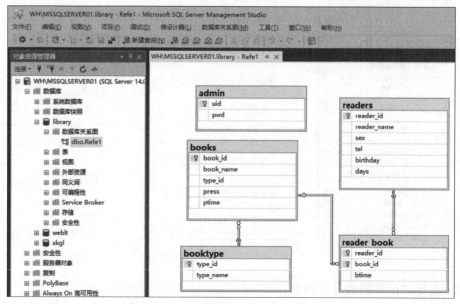

图 2-37 library 数据库中的数据关系图

由图 2-37 可以看出,一对多联系的主键表连线为黄色钥匙形状,外键表为无穷形状。

4. 查看外键约束

外键约束、主键约束和唯一键约束都显示在数据表的"键"文件夹中,不过只能在外键表中看到外键约束的图标,主键表中不显示,图 2-38 中就显示了 reader_book 表中的两个外键约束,图标为向右钥匙形状。

图 2-38　查看外键约束

5. 设置参照完整性

(1) 设置级联更新规则。

假定 readers 表中 reader_id 字段值为 2021001 的读者借了书,即 reader_book 表中 reader_id 字段有 2021001 的记录,现将 readers 表中 reader_id 值为 2021001 的修改为 2022001,则 reader_book 表中的 2021001 记录将违反参照完整性约束(因为 2021001 在 readers 表中已不存在),建立了外键约束后,数据库可以自动避免这样的错误,默认情况下不允许用户更改已结束读者的主键值(即 reader_id 字段值),如果确实要修改,可以将外键约束的"更新规则"设置为"级联"更新。

选中"对象资源管理器"中 reader_book 表下与 readers 相关的外键约束,右击,在快捷菜单中选择"修改"命令,如图 2-39 所示。

在"外键关系"对话框中将"更新规则"设置为"级联",如图 2-40 所示,默认的更新规则为"不执行任何操作",表示不允许用户修改主键表中关联字段的值,更新规则设置为"级联"后,修改主键表中的关联字段值时,外键表中相关联的字段值可以自动修改,并和

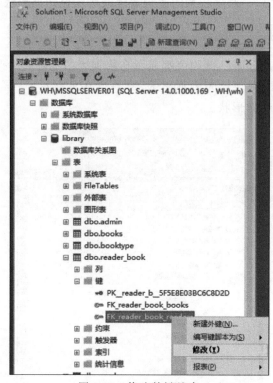

图 2-39 修改外键约束

主键表的值一致。

"更新规则"除了"级联"和"不执行任何操作",还有"设置 Null"和"设置默认值"两个选项。

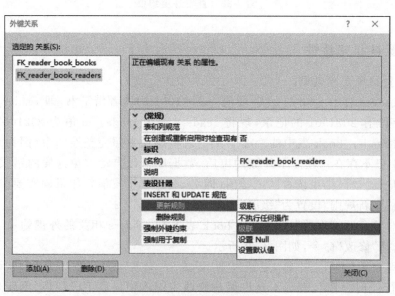

图 2-40 设置更新规则

(2) 设置级联删除规则。

如果删除 readers 表中 reader_id 字段值为 2021001 的记录,也会导致 reader_book 表中的该学生违反参照完整性,默认情况下不允许删除已选课学生的记录,此时可设置级联删除规则以保证数据一致性,如图 2-41 所示。

保存成功后可设置级联删除和级联更新规则,级联删除规则的作用是,当删除 readers 表中的某条记录时,会自动将 reader_book 表中对应的记录一并删除。

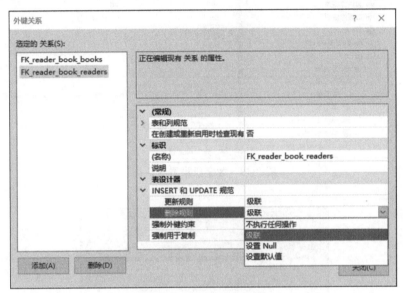

图 2-41 设置"删除规则"

使用同样方法设置 booktype 表与 books 表、books 表与 reader_book 表之间的更新规则和删除规则均为"级联"。

6. 删除外键约束

删除外键约束与删除其他约束的方法相同。

2.3.5 默认值

1. 简介

任务 2-1 在创建 readers 表时,为 birthday 字段设置了默认值,使得 birthday 字段在没有接收到输入时,可以用默认值填充,默认值是实现域完整性手段之一。为字段设置默认值的图形化方式如图 2-42 所示。

图 2-42 中设置默认值的提示信息为"默认值或绑定",如果是直接将默认值输入,则表示默认值,设置的默认值会在表的"约束"文件夹中生成数据库对象,如图 2-43 所示的 DF_readers_birthday 就是直接添加默认值后生成的数据库对象;如果要绑定默认值,则要先在数据库中创建默认值对象。

图 2-42　为字段设置默认值

图 2-43　默认值约束

SQL Server 中不允许使用图形化方式创建默认值对象，默认值对象在数据库中存储在数据库"可编程性"文件夹的"默认值"子文件夹中，如图 2-44 所示。

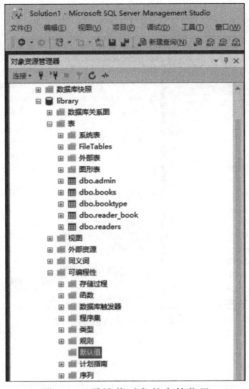

图 2-44 默认值对象的存储位置

2. 创建默认值

默认值(Default)对象属于数据库对象的一种,创建后,可以被绑定到多个字段上,创建默认值对象的语法格式如下:

CREATE DEFAULT 默认值名称 as 常量表达式

例如:

CREATE DEFAULT df1 as 60 --创建名为 df1、值为 60 的默认值对象

3. 绑定默认值

(1) 使用图形化方式绑定默认值对象。

以将 df1 默认值对象绑定到 readers 表的 days 字段上为例。打开 readers 表的设计器,选中 days 字段,在"默认值或绑定"的下拉列表中选择 dbo.df1,保存后即可设置成功,如图 2-45 所示。

(2) 使用命令方式绑定默认值对象。

使用系统存储过程 sp_bindefault 可以将默认值对象绑定到字段,语法格式如下:

[EXECUTE] sp_bindefault '默认值名称','表名.字段名'

学习情境 2 数据表管理技术

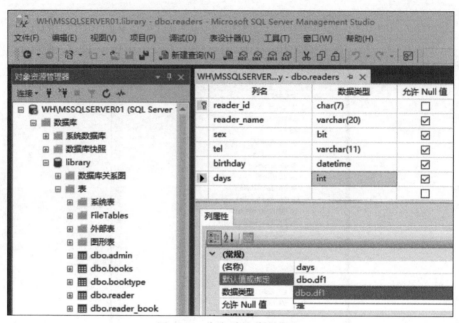

图 2-45 绑定默认值到字段

例如：

`EXEC sp_bindefault 'df1','readers.days' --将 df1 绑定到 readers 表的 days 字段上`

4. 解除绑定

当字段不需要默认值时，可以解除默认值对象的绑定。

（1）使用图形化方式解除绑定。

与绑定默认值对象相似，只需要在表设计器列属性的"默认值或绑定"中将选定的绑定取消选择即可。

（2）使用命令方式解除绑定。

使用系统存储过程 sp_unbindefault 解除绑定，语法格式如下：

`[EXECUTE] sp_unbindefault '表名.字段名'`

例如：

`EXEC sp_unbindefault ' readers.days'--解除 readers 表的 days 字段上的默认值绑定`

5. 删除默认值对象

SQL Server 2017 要求必须使用命令才能删除默认值对象，语法格式如下：

`DROP DEFAULT 默认值名称[,…]`

提示：在删除一个默认值对象之前，应先解除默认值的所有绑定，否则删除不成功。

在本节的学习中,要分清默认值与默认值对象间的区别,两者功能相同,只是默认值对象可以重复多次使用。

2.3.6 规则

1. 简介

规则(Rule)是实现域完整性的手段之一,与 CHECK 约束相似,二者功能相同,但规则创建后可以重复多次使用。

规则是一种数据库对象,可以被绑定到若干个字段上,存储在"可编程性"文件夹的"规则"子文件夹中。规则的基本操作与默认值对象相似。

2. 创建规则

使用命令方式创建规则,语法格式如下:

CREATE RULE 规则名称 as 条件表达式或逻辑表达式

例如:

CREATE RULE ru1 as @r>=0 and @r<=255--创建名为 ru1、取值范围为 0~255 的规则

提示:规则中的变量@r 属于局部变量,当绑定到字段时可以限制字段的取值范围。

3. 绑定规则

使用系统存储过程 sp_bindrule 将规则绑定到字段上,语法格式如下:

[EXECUTE] sp_bindrule '规则名称','表名.字段名'

例如:

EXEC sp_bindrule 'ru1','readers.days'--将规则 ru1 绑定到 readers 表的 days 字段上
EXEC sp_bindrule 'ru1','booktype.type_id'--将规则 ru1 绑定到 booktype 表的 type_id 字段上

4. 解除绑定

使用系统存储过程 sp_unbindrule 解除规则的绑定,语法格式如下:

[EXECUTE] sp_unbindrule '表名.字段名'

例如:

EXEC sp_unbindrule 'readers.days'--解除 readers 表的 days 字段上的规则绑定
EXEC sp_unbindrule'booktype.type_id'--解除 booktype 表的 type_id 字段上的规则绑定

5. 删除规则

删除规则的语法格式如下：

DROP RULE 规则名称[,…]

例如：

DROP RULE ru1--删除规则ru1

任务 2-4 设计并实现"添加读者页面"

2.4.1 目录设计

1. 打开网站

打开 Visual Studio 后，起始页中会显示之前打开网站的链接，单击后可以打开网站。也可以执行"文件"→"打开"→"网站"命令，选中"图书借阅系统"目录，单击"打开"按钮，在"解决方案资源管理器"中看到任务 1-5 创建的网站及其相关文件，如图 2-46 所示。

2. 新增窗体

如果将网站的所有窗体都放在网站根目录下，不方便管理，"图书借阅系统"除了要实现添加读者页面之外，还有添加图书、添加图书类型、添加管理员等页面，为了分类存储网站文件，为网站新建文件夹 Reader，把与读者有关的窗体文件都存放在该文件夹中。为网站新建文件夹的方法如图 2-46 所示。

图 2-46 为网站新建文件夹

选中 Reader 文件夹并右击，添加名为 AddReader.aspx 的 Web 窗体。

2.4.2 窗体设计

这里使用表格实现 Web 窗体页面布局,页面运行效果如图 2-47 所示,各控件的名称和属性如表 2-11 所示。

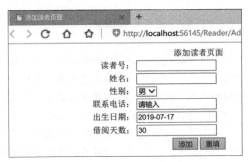

图 2-47 页面布局

表 2-11 添加信息页面各控件属性

控件 ID	属 性	值	说 明
TextBox1	MaxLength	7	输入读者号
TextBox2	MaxLength	10	输入读者姓名
TextBox3	MaxLength	11	输入联系电话
	Text	请输入	电话默认值
TextBox5	Text	30	输入借阅天数
DropDownList1	Items	女、男	选择性别
Button1	Text	添加	确认添加
Button2	Text	重填	清空输入

2.4.3 功能设计

1. 窗体初始化功能设计

双击 AddReader.aspx 窗体设计视图的空白处,打开窗体的 Page_Load 事件,该事件可以实现网页的初始化功能,编写的代码如下:

```
protected void Page_Load(object sender, EventArgs e)
{
    //判断页面是第一次加载还是响应加载,然后在 TextBox4 中显示当前日期
    if(IsPostBack == false)
        TextBox4.Text = DateTime.Now.ToString("yyyy-MM-dd");
```

        }

2. "重填"功能设计

"重填"按钮的功能是清空页面中已输入的内容,双击 AddReader.aspx 窗体设计视图中的 Button2 控件,打开 Button2 控件的 Click 事件,编写的代码如下:

```
protected void Button2_Click(object sender, EventArgs e)
{
    TextBox1.Text = string.Empty;        //清空读者号文本框
    TextBox2.Text = "";                  //清空姓名文本框
    TextBox3.Text = "请输入";             //联系电话文本框重置为"请输入"
    TextBox4.Text = DateTime.Now.ToString("yyyy-MM-dd");
                                         //出生日期文本框重置为当前日期
    TextBox5.Text = "30";                //借阅天数文本框重置为"30"
    DropDownList1.SelectedIndex = 0;     //性别选择第一条,下标从 0 开始
}
```

3. "添加"功能设计

"添加"按钮的功能是将输入、选择的内容添加到数据表 readers 中,因此要操作数据库,连接数据库的方法已经在任务 1-5 中实现,要在数据库中执行添加数据、修改数据、删除数据等 T-SQL 命令,ADO.NET 提供了 SqlCommand 对象来实现此功能。

SqlCommand 对象可用来执行 T-SQL 命令,其常用属性和方法如表 2-12 所示。

表 2-12 SqlCommand 对象的常用属性和方法

属性或方法	作　　用
Connection	当前对象可用的数据库连接
CommandText	要执行的 T-SQL 命令文本
ExecuteNonQuery()	执行 T-SQL 命令的方法,CommandText 仅仅为属性赋值,命令真正执行还要调用此方法

(1) 添加用于执行 T-SQL 命令的方法。

打开"图书借阅系统"APP_Code 文件夹中的 ConnSql.cs 文件,为 ConnSql 类增加 RunSql()方法,用于执行 SQL 命令。

① 定义私有属性,如下:

```
private SqlCommand com;//定义私有属性,用于执行 T-SQL 命令
```

注意:该私有属性与任务 1-5 中的两个私有属性放在一起,即放在 con 定义之后,构造函数之前。

② 为 ConnSql 类添加 RunSql(string strSql)方法,该方法有一个字符串类型的参数,就是要执行的 SQL 语句文本,无返回值,执行无须返回结果的 SQL 语句,代码如下:

```
public void RunSql(string strSql)
{
    Open();                                    //调用 ConnSql 类的 Open()方法打开连接
    //调用 SqlCommand 对象的构造函数,为 CommandText、Connection 属性赋值
    com = new SqlCommand(strSql, con);
    com.ExecuteNonQuery();                     //调用方法执行命令
    Close();                                   //调用 ConnSql 类的 Close()方法关闭连接
}
```

RunSql()方法的代码可以写在 Close()方法之后。

(2) 编写"添加"按钮的 Click 事件代码。

"添加"按钮实现将输入数据加入数据库的功能,因 readers 表中的 sex 字段为 bit 型,只能接受 0 或 1,本书规定 sex 值为 0 时表示女,sex 值为 1 时表示男,因此要判断当前的性别下拉列表选择了哪项,代码如下:

```
protected void Button1_Click(object sender, EventArgs e)
{
    if (TextBox1.Text.Trim() =="")
        TextBox1.Text ="请输入学号";
    else if ( TextBox1.Text.Length >7)
        TextBox1.Text ="学号不能超过 7 位";
    else {
        ConnSql con =new ConnSql();
        string sex ="0";
        if (DropDownList1.SelectedIndex ==0)//选择女
            sex ="0";
        else//选择男
            sex ="1";
         con.RunSql("insert readers (reader_id, reader_name, sex, tel, birthday, days) values('" +TextBox1.Text.Trim() +"','" +TextBox2.Text.Trim() +"','"+sex+"','" +TextBox3.Text.Trim() +"','"+TextBox4.Text +"','"+TextBox5.Text +"')");
        TextBox1.Text ="添加成功!";  //添加成功的提示信息放在文本框中显示
        TextBox2.Text ="";//清空姓名文本框
        TextBox4.Text =DateTime.Now.ToString("yyyy-MM-dd");//出生日期文本框重置为当前日期
        TextBox5.Text ="30";//借阅天数文本框重置为"30"
        DropDownList1.SelectedIndex =0;//性别选择第一条,下标从 0 开始
    }
}
```

4. 运行调试

在"图书借阅系统"网站的"解决方案资源管理器"中选中 AddReader.aspx 文件,右击,在快捷菜单中选择"设为起始页"命令,将窗体设置为网站的起始页,如图 2-48 所示。

然后执行"调试"→"启动调试"命令,或直接按快捷键 F5,就可以将 AddReader.aspx 窗体在浏览器中打开调试。

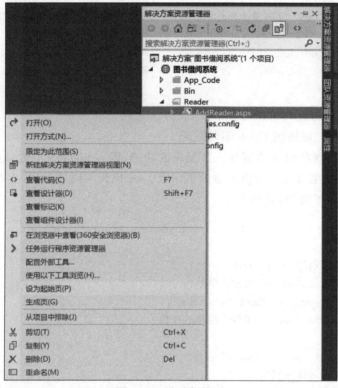

图 2-48　设置起始页

设计功能时,代码中要获取文本框 TextBox 控件、下拉列表框 DropDownList 控件的属性值,需要在两端加" ＋ 和 ＋ "的界定符。

DropDownList 控件的常用属性有 SelectedIndex、SelectedItem 和 SelectedValue,分别表示当前所选的索引(序号由 0 开始)、当前所选项(本例中 DropDownList1 的索引 0 的项为女,索引 1 的项为男)、当前所选项的值(本例中项的值与项相同),在添加课程页面中选择授课教师的 DropDownList 的项和项值就不同,详细内容参见任务 3-4。

思考:如果输入的学号与数据表中已有的学号重复,能不能添加成功?若不成功或出错,如何避免错误?

要解决这个问题就要使用查询,查询输入的学号是否与现有数据重复,然后再采取相应措施,学习"学习情境 3"后可以解决这个问题。

课后练习:仿照本任务,设计并实现添加图书类型(AddBooktype.aspx)、添加图书(AddBook.aspx)、添加管理员(AddAdmin.aspx)3 个页面。

要求:需新增不同的文件夹,将图书、管理员的页面存放在不同文件夹中。详细内容参见本书电子资源。

任务 2-5　设计并实现"删除读者页面"

2.5.1　窗体设计

为"图书借阅系统"网站的 Reader 文件夹添加 Web 窗体,名为 DeleteReader.aspx,窗体运行效果如图 2-49 所示。

图 2-49　删除页面设计

2.5.2　功能设计

1. 提醒类设计

在任务 2-4 中,成功添加信息后,提示消息显示在文本框中,为了使得提醒信息更明显,为网站设计提醒类 WebMessage。

选中"对象资源管理器"中的 App_Code 文件夹,右击,选择"添加新项"命令,选择类,输入类名 WebMessage.cs。为类添加静态方法 Show(),代码如下:

```
public static void Show(String msgtxt)
{
    HttpContext.Current.Response.Write("<script>alert('" +msgtxt +"') </script>");
}
public static void Show(string msgtxt, string Src)
{
    HttpContext .Current .Response.Write ("< script > alert ('"+ msgtxt +"');
location.href ='"+Src +"'</script>");
}
```

提示:在面向对象程序设计中,类的静态方法可以不定义类的实例,直接用"类名.方法名(参数)"的格式调用方法。这里为 WebMessage 类定义了两个函数名相同但参数数量不同的方法,这种定义函数的方式叫作函数重载,调用时根据参数数量的不同自动调用合适的方法。

2. "删除"功能设计

双击 DeleteReader.aspx 窗体设计视图中的"删除"按钮,打开 Button1 按钮的单击

Click 事件,编写的代码如下:

```
protected void Button1_Click(object sender, EventArgs e)
{
    if (TextBox1.Text.Trim() =="")
        WebMessage.Show("请输入要删除读者的编号!");
    else
    {
        //定义 ConnSql 类的实例 con 对象
        ConnSql con =new ConnSql();
        //使用 con 对象调用 RunSql()方法执行删除命令
        con.RunSql("delete readers where reader_id='" +TextBox1.Text +"'");
        //删除后弹出提醒框,调用 WebMessage 类的静态方法 Show()
        WebMessage.Show("删除成功!");         //根据参数数量判断,调用的是第一个
    }
}
```

3. 运行调试

将 DeleteReader.aspx 文件设置为"起始页",执行调试,测试功能。可以在"解决方案资源管理器"中选中 DeleteReader.aspx 文件,右击,选择"在浏览器中查看"命令,或者在窗体设计中右击,选择"在浏览器中查看"命令,都可以在浏览器中运行页面并测试。输入读者编号,单击"删除"按钮,当弹出如图 2-50 所示的提示对话框时,表示程序代码正确,然后在 library 数据库中查看 readers 表中的该记录是否真正被删除,若已被删除,表明程序功能正确。

图 2-50 删除成功提醒

删除数据时,一定要有一个唯一的参考依据,本任务是根据读者编号删除数据,读者编号具有唯一性,如果根据姓名删除数据,有可能一次删除多条数据(姓名可以相同);还有一个有趣的现象就是即使输入的读者编号在 readers 表中不存在,也会提醒"删除成功",要避免这类情况,需要在删除数据前检测数据是否存在,这要用到数据查询的知识,待学完"学习情境 3"后就可以完善删除功能。

课后练习:仿照本任务,设计并实现删除图书类别(DeleteBooktype.aspx)、删除图书(DeleteBooks.aspx)、删除管理员(DeleteAdmin.aspx)3 个页面,并将 3 个窗体分别放在对应的文件夹中。

实训 3 表和表数据的管理

【实训目的】

1. 能够使用图形化方式创建表、修改表、管理表记录。
2. 能够熟练使用 T-SQL 语句创建表、修改表、管理表记录。

【实训要求】

1. 已学完任务 2-1～任务 2-3。
2. 完成实训,并将实训步骤记录入实训报告。
3. 已完成实训 1,成功创建数据库 EDUC。

【建议学时】

4 学时。

【实训内容】

1. 创建数据表。

在实训 1 创建的 EDUC 数据库中创建如表 2-13～表 2-16 所示的 4 张表。

表 2-13 student(学生信息表)

字段名称	类　型	宽度	允许空值	主键	说　明
sno	char	8	NOT NULL	是	学号
sname	varchar	18	NOT NULL		姓名
sex	char	2	NULL		性别
birthday	date		NULL		出生日期

表 2-14 teacher(教师信息表)

字段名称	类　型	宽度	允许空值	主键	说　明
tno	char	4	NOT NULL	是	教师工号
tname	varchar	18	NOT NULL		教师姓名,默认值为"李白"
sex	char	2	NULL		教师性别

表 2-15 course(课程信息表)

字段名称	类　型	宽度	允许空值	主键	说　明
cno	char	4	NOT NULL	是	课程编号

续表

字段名称	类型	宽度	允许空值	主键	说明
cname	varchar	20	NOT NULL		课程名称
tno	char	4	NOT NULL	外键	授课教师工号
xs	tinyint	1	NULL		授课学时
skdd	varchar	30	NULL		上课地点

表 2-16 student_course（学生选课表）

字段名称	类型	宽度	允许空值	主键	说明
sno	char	8	NOT NULL	是	学生学号
cno	char	4	NOT NULL	是	课程编号
score	float	1	NULL		成绩

2. 修改表结构。

（1）在 course 表中添加字段 year，类型为 int，可为空。

（2）为 year 字段添加约束，要求取值为 2018～2027。

（3）删除 course 表中的 year 字段。

3. 表记录操作。

（1）添加记录，分别使用图形化方式和命令方式添加表记录，记录如图 2-51～图 2-54 所示。

	sno	sname	sex	birthday
1	2021001	孙倩	0	2011-01-01 00:00:00.000
2	2021002	陈诺	1	2011-01-01 00:00:00.000
3	2021003	李欢	0	2011-01-01 00:00:00.000
4	2021004	刘艾	1	2007-06-04 00:00:00.000
5	2021005	王秋	0	2008-01-05 00:00:00.000

图 2-51 student 表记录

	tno	tname	sex
1	2005001	李白	男
2	2005002	杜桥	女
3	2005003	张友	男
4	2005004	周林	女
5	2005005	卓琳	女
6	2005006	胡建	男

图 2-52 teacher 表记录

	cno	cname	tno	xs	skdd
1	001	C语言	2005001	60	教学楼101
2	002	数据库	2005002	80	教学楼102
3	003	计算机应用基础	2005001	72	教学楼103
4	004	面向对象程序设计	2005003	64	教学楼104
5	005	JAVA程序设计	2005002	56	教学楼101

图 2-53 course 表记录

	sno	cno	score
1	2021001	001	75
2	2021001	002	67
3	2021001	003	78
4	2021002	001	89
5	2021003	007	91
6	2021006	001	35
7	2021006	006	56

图 2-54 student_course 表记录

(2) 修改表记录。
- 把王秋同学的出生日期修改为 2018 年 12 月 15 日。
- 把周林老师的家庭住址修改为安徽省合肥市。
- 把"数据库"课程的学时修改为 96。
- 将 student_course 表中 sno 为 2021001,cno 为 001 的记录的 score 改为 55。

(3) 删除表记录。
- 将 student_course 表中 sno 为 2021006 的记录删除。
- 将 teacher 表中"张三"老师的信息删除。

实训 4　管理数据完整性

【实训目的】

1. 能够创建约束,使数据库数据满足基本的数据完整性要求。
2. 能够熟练创建主键约束、检查约束和外键约束。
3. 能够创建默认和规则,能实现默认和规则的绑定和解除绑定。

【实训要求】

1. 已学完任务 2-3。
2. 了解实体完整性、域完整性、参照完整性的基本要求。
3. 掌握主键约束、唯一键约束、检查约束、外键约束的使用方法。

【建议学时】

2 学时。

【实训内容】

1. 域完整性的创建。
(1) 为 student 表的 sex 字段添加检查约束,只能录入男或女两种数据。
(2) 为 course 表的 xs 字段添加检查约束,数据范围为 16～100。
2. 参照完整性的创建。
为 EDUC 数据库中的 4 张数据表建立适当的数据关联,并设置适当的更新规则和删除规则。
3. 默认值对象的创建与使用。
(1) 创建名为 kcm 的默认值对象,值为"待定",并将 kcm 绑定到 course 表的 cname 字段上,然后再解除默认值的绑定。
(2) 创建名为 xb 的默认值对象,值为"男",并将 xb 绑定到 student 表和 teacher 表的 sex 字段上。

4. 规则对象的创建与使用。
(1) 创建规则 cj，设置值为 0～100。
(2) 将规则 cj 绑定到 student_course 表的 score 字段上。
(3) 解除 score 字段上的规则绑定。
(4) 删除 cj 规则。

学习情境 3

数据查询技术

【能力要求】

- 能够使用查询语句完成数据查询任务。
- 能够结合查询技术完成修改信息页面的功能。
- 能够根据登录流程，结合查询完成登录页面的功能。
- 能够结合查询技术完成添加课程、修改课程页面的功能。
- 能够完成必要的存储过程、触发器和函数功能设计。
- 能够合理配置 SQL Server 数据库的安全性。

【任务分解】

- 任务 3-1　数据查询
- 任务 3-2　使用视图
- 任务 3-3　设计并实现"修改读者"页面
- 任务 3-4　设计并实现"添加图书"页面
- 任务 3-5　设计并实现"修改图书"页面
- 任务 3-6　设计并实现"管理员登录"页面
- 任务 3-7　存储过程设计
- 任务 3-8　配置数据库安全性

【重难点】

- 多表查询。
- 查询在修改信息页面和登录页面中的应用。
- 存储过程设计。
- 数据库安全性配置。

【自主学习内容】

设计"邮箱应用系统"的"用户登录"页面，编写代码实现登录功能，登录后页面转向主页面。

任务 3-1 数 据 查 询

3.1.1 查询语句格式

查询语句的语法格式如下：

SELECT [TOP n [PERCENT]] <字段列表> [INTO 表名] FROM <表名/视图名列表> [WHERE 条件表达式] [ORDER BY 字段名 1[ASC|DESC][,字段名 2 [ASC|DESC] [,...]]] [GROUP BY 字段名列表 [HAVING 条件]]

其中，TOP n [PERCENT] 关键字表示显示查询结果中的前 n 条或前百分之 n 条；[INTO 表名] 关键字可以将查询结果存储在数据表中；WHERE 条件表达式关键字可以将符合条件表达式的记录显示在查询结果中；ORDER BY 关键字将查询结果按照指定字段升序（ASC）或降序（DESC）排序；GROUP BY 关键字将查询结果按照指定字段分组。

各关键字的使用方法请参照本学习情境的实际查询案例。

3.1.2 查询数据介绍

本学习情境的查询任务基于 library 数据库中的 booktype、readers、books 和 reader_book 4 张数据表，4 张数据表的记录如图 3-1～图 3-4 所示。

type_id	type_name
1	计算机
2	数学
3	文艺
4	杂志
5	历史

图 3-1 booktype 表结构及数据

reader_id	reader_name	sex	tel	birthday	days
2021001	孙倩	1	1	2011-01-01 00:00:00.000	20
2021002	陈诺	1	2	2011-01-01 00:00:00.000	20
2021003	李欢	0	3	2011-01-01 00:00:00.000	20
2021004	刘艾	0	5	2011-01-01 00:00:00.000	20
2021005	李冉	0	123	2011-04-08 00:00:00.000	5
2021006	李璐	0	124	2011-04-09 00:00:00.000	50
2021007	李龙	1	11	2011-01-01 00:00:00.000	70

图 3-2 readers 表结构及数据

book_id	book_name	type_id	press	ptime
1000001	数据库	1	清华大学出版社	1999-12-31
1000002	面向对象	1	清华大学出版社	1999-12-31
1000003	JAVA程序设计	1	清华大学出版社	1999-12-31
1000004	网页设计	1	清华大学出版社	1999-12-31
1000005	Unity 3D	1	清华大学出版社	1999-12-31
1000006	读者	4	待定	1999-12-31
1000007	明朝那些事儿	5	待定	1999-12-31
1000008	奥数那些事儿	2	待定	1999-12-31

图 3-3　books 表结构及数据

reader_id	book_id	btime
2021001	1000001	2021-02-01
2021001	1000002	2020-05-21
2021002	1000001	2021-05-21
2021003	1000008	2021-02-01
2021007	1000001	2019-05-21
2021007	1000008	2021-02-01

图 3-4　reader_book 表结构及数据

提示：数据查询与表记录无关，与表结构相关。要清楚所查询数据可以从哪些表找到，另外，还要清楚数据表之间的关联，这在设置多表查询的连接条件时非常关键，有关数据表间的联系请参考任务 2-3 中的外键约束。

3.1.3　单表查询

单表查询是指查询数据可以从一张表得到，语法上体现为 FROM 关键字后的表名列表只有一张表，是数据查询中最简单的查询。

1. 查询语句的最简语法格式

```
SELECT <字段列表> FROM <表名/视图名列表> [WHERE 条件表达式]
```

2. 单表查询案例及查询关键字的使用

(1) 查询数据表中部分字段。

将要查询的字段写在“字段名列表”处，字段之间用英文逗号隔开，字段顺序可以调换，如：

```
SELECT reader_id, reader_name FROM readers
```

语句执行结果如图 3-5 所示，因语句没有 where 条件，所以显示 readers 表中所有记录的 reader_id 和 reader_name 字段的值，查询字段顺序可以和字段的物理顺序不一致。

(2) 查询数据表中的全部字段。

查询全部字段时，可以将所有字段一一列出，也可以用 * 代替，例如：

```
SELECT * FROM readers
```

将 readers 表中的所有字段按照物理顺序列出来，查询结果与图 3-2 相同。

(3) 为查询字段设置别名。

设置的别名仅在查询结果中有效，并不改变字段的实际名称，设置别名的方法有：

- 字段名 [AS] 别名

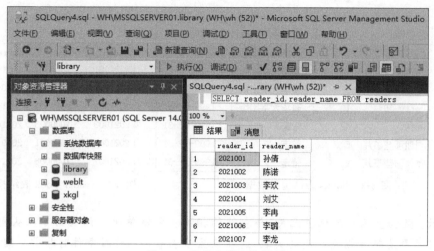

图 3-5　部分字段查询结果

- 别名＝字段名

SELECT 姓名=reader_name, reader_id AS 读者编号, sex 性别 FROM readers

查询结果如图 3-6 所示，字段名显示为汉字的"姓名""读者编号"和"性别"。

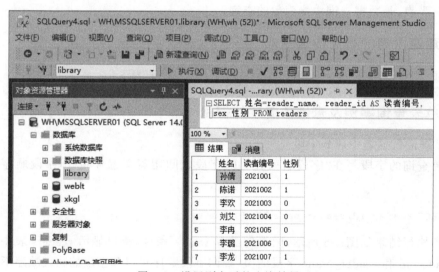

图 3-6　设置别名后的查询结果

（4）查询经过计算的值。

有些查询结果不一定能够直接从表中得到，可能需要计算，如"查询所有学生的姓名和年龄"，年龄在 readers 数据表中没有直接给出，但有学生的出生日期，年龄可以通过出生日期计算出来，查询语句如下：

SELECT reader_name 姓名,YEAR (GETDATE ())-YEAR (birthday) 年龄 FROM readers

查询结果如图 3-7 所示。

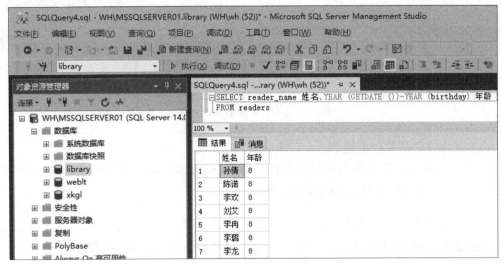

图 3-7　计算值查询结果

（5）去除查询结果的重复值。

若要去除查询结果中的重复值，可以在字段前加 DISTINCT 关键字，例如：

SELECT reader_id FROM reader_book
SELECT distinct reader_id FROM reader_book

查询结果如图 3-8 所示。

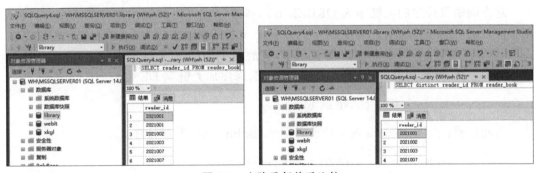

图 3-8　去除重复前后比较

（6）显示部分查询结果。

可使用 TOP n 或 TOP n PERCENT 关键字返回部分查询结果，SQL Server 中必须将 TOP 关键字放在 SELECT 关键字之后，字段名列表之前，例如：

SELECT TOP 2 reader_id,reader_name FROM readers
SELECT TOP 2 PERCENT reader_id,reader_name FROM readers

查询结果如图 3-9 所示。

图 3-9 TOP 关键字查询结果

(7) 保存查询结果到数据表。

使用 INTO 关键字将查询结果保存到数据表,SQL Server 中必须将 INTO 关键字放在字段名列表之后,FROM 关键字之前,例如:

SELECT * INTO readers_new FROM readers WHERE sex=1

功能说明:将 readers 表中 sex 为 1 的记录另存在 readers_new 表中。

SELECT reader_id, reader_name INTO #readers1 FROM readers WHERE sex=0

功能说明:将 readers 表中 sex 为 0 的记录另存在临时表 #readers1 中, #readers1 表只包含 reader_id 和 reader_name 两个字段。

提示:临时表存储在系统数据库 tempdb 中,当服务器重启后,所有的临时表将被自动清除,临时表的最大特点是可以被所有数据库共享,因此如果要临时共享数据表,可以将数据表保存为临时表。

(8) 排序查询结果。

对查询结果排序的关键字为 ORDER BY,排序字段可以直接用字段名表示,也可以用字段列表中的序号表示。查询语句中如果无 WHERE 关键字,ORDER BY 关键字放在 FROM 关键字之后,有 WHERE 关键字,则放在 WHERE 关键字之后,排序有升序和降序两种方式,默认为升序,也可加关键字 ASC,降序加关键字 DESC。

SELECT * FROM readers ORDER BY birthday

功能说明:查询 readers 表中的所有记录,按 birthday 升序排序。

SELECT * FROM readers ORDER BY birthday DESC

功能说明:查询 readers 表中的所有记录,按 birthday 降序排序。

SELECT * FROM reader_book ORDER BY score DESC,reader_id

功能说明:查询 reader_book 表中的所有记录,先按 score 字段降序排序,score 值相同按 reader_id 字段升序排序。

SELECT type_id,type_name FROM booktype ORDER BY 2

功能说明:查询 booktype 表的所有记录,只显示 type_id、type_name 字段,按照第 2 个字段(type_name)升序排序查询结果。

(9) 查询条件。

使用 WHERE 关键字指定查询条件,查询语句无 WHERE 关键字会显示所有记录,有 WHERE 关键字,显示符合条件的记录,条件表达式中常用的运算符如表 3-1 所示。

表 3-1 条件表达式中常用的运算符

类　　别	运 算 符	类　　别	运 算 符
关系运算	=、>、<、>=、<=、<>、!=	模糊运算	LIKE
逻辑运算	AND、OR、NOT	空值运算	IS [NOT] NULL
集合运算	IN、NOT IN、ANY、ALL	范围运算	BETWEEN　AND

SELECT * FROM readers WHERE sex<>1

功能说明:查询 readers 表中 sex 值不等于 1 的记录,<>可以用!=表示。

SELECT * FROM readers WHERE birthday between '2011-1-1' AND '2018-1-1'

功能说明:查询 readers 表中 birthday 在 2011-1-1 到 2018-1-1 之间的数据,条件等价于"birthday>='2011-1-1' AND birthday<= '2018-1-1' "。

SELECT * FROM reader_book WHERE btime is null

功能说明:查询 reader_book 表中 btime 为空的数据。

SELECT * FROM reader_book WHERE book_id IN('1000001','1000002','1000003')

功能说明:查询 reader_book 表中 book_id 为 1000001、1000002 或 1000003 的数据,条件等价于"book_id='1000001' or book_id='1000002' or book_id='1000003' "。

模糊运算符 LIKE 关键字中所用的通配符如表 3-2 所示。

表 3-2 LIKE 关键字中所用的通配符

通 配 符	含　　　义
%	表示若干任意字符
_	表示单个任意字符
[ ]	表示方括号里列出的任意一个字符
[^]	任意一个没有在方括号里列出的字符

SELECT reader_id,reader_name FROM readers WHERE reader_name like '赵%'

功能说明:查询 readers 表中姓赵的记录,条件等价于"SUBSTRING (reader_name,1,1)='赵' "。

SELECT reader_id,reader_name FROM readers WHERE reader_name like '%赵%'

功能说明:查询 readers 表 reader_name 中含有"赵"字的记录。

SELECT reader_id,reader_name FROM readers WHERE reader_name like '_赵%'

功能说明：查询 readers 表 reader_name 中第二个字是"赵"字的记录。

```
SELECT reader_id,reader_name FROM readers WHERE reader_name like '_赵_'
```

功能说明：查询 readers 表 reader_name 中有三个字且第二个字是"赵"字的记录。

```
SELECT reader_id,reader_name FROM readers WHERE reader_name like '[赵,钱,孙]%'
```

功能说明：查询 readers 表中姓赵、钱、孙的读者的记录。

```
SELECT reader_id,reader_name FROM readers WHERE reader_name like '[^赵,钱,孙]%'
```

功能说明：查询 readers 表中不姓赵、钱、孙的读者的记录。

（10）集合函数的统计功能。

常用集合函数如表 3-3 所示。

表 3-3 常用集合函数

函　　数	功　　能
SUM()	求数值型字段的和
AVG()	求数值型字段的平均
COUNT()	统计数量（行数）
MAX()	求最大
MIN()	求最小

```
SELECT sum(days),avg(days),max(days),min(days),count(*) FROM readers
```

功能说明：查询 readers 数据表中的 days 字段的和、平均值、最高值、最低值和记录条数值，结果如图 3-10 所示。

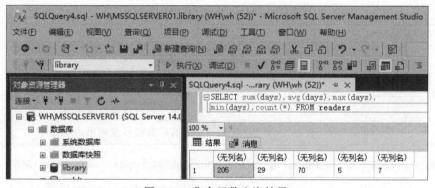

图 3-10 集合函数查询结果

```
SELECT MAX(reader_name),MIN(reader_name) FROM readers
```

功能说明：字符类按照字母顺序排序，结果如图 3-11 所示。

图 3-11　reader_name 字段的 MAX 和 MIN

3.1.4　多表查询

当 FROM 关键字后的表名数量多于 1 时称为多表查询,是数据库中最主要的查询方式,多表查询为了保证查询结果的准确性应带上连接条件。连接条件有内连接、左连接、右连接、完全连接 4 种。本节通过不同案例说明连接条件的使用方法。

1. 最简单的内连接条件表示

(1) 查询"孙倩"读者的借阅时间。

分析:借阅时间(btime)只有 reader_book 表有,条件"孙倩"是 readers 表中 reader_name 字段的值,因此 FROM 关键字后的表名有两个,语句如下:

SELECT btime FROM readers,reader_book WHERE reader_name='孙倩'

查询结果如图 3-12(a)所示,显然结果比实际多很多,是因为没有带上连接条件。加上简单的连接条件,语句如下:

SELECT btime FROM readers,reader_book WHERE reader_name='孙倩' AND readers.reader_id=reader_book.reader_id

readers 表和 reader_book 有一个相同意义的字段 reader_id,直接在题目条件后加上 "AND readers.reader_id＝reader_book.reader_id",即可查询到正确的结果,如图 3-12(b)所示。

提示:查询若涉及多张表,为了查询的正确性,一定要带上连接条件,一般情况下,2 张表至少要有 1 个连接条件,3 张表至少要有 2 个连接条件,表数量越多,则连接条件越多。

(2) 查询读者的姓名、所借书名和借阅时间。

SELECT reader_name,book_name,btime FROM readers,reader_book,books WHERE readers.reader_id = reader_book.reader_id AND books.book_id= reader_book.book_id

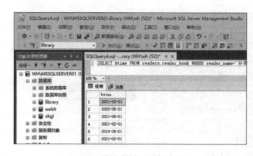
(a) 不带连接条件的结果

(b) 带连接条件的结果

图 3-12　查询结果

查询结果如图 3-13 所示。

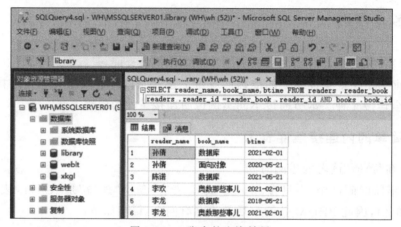

图 3-13　3 张表的查询结果

提示：如果查询数据仅来自 readers 表和 books 表，reader_book 表也一定要带上，因为 readers 表和 books 表没有直接相关联的字段，它们通过 reader_book 表实现了多对多联系，reader_book 表是 readers 表和 books 表的桥梁。

(3) 查询读者的姓名、所借图书的书名、借阅时间和图书类型名。

SELECT reader_name,book_name,btime,type_name FROM readers,reader_book,books,booktype WHERE readers.reader_id = reader_book.reader_id AND books.book_id=reader_book.book_id AND booktype.type_id=books.type_id

查询结果如图 3-14 所示。

2. 内连接

内连接（INNER JOIN）与上述所说的连接条件的查询结果一样，均将表中有等价关系的数据显示出来。内连接使用 INNER JOIN 关键字表示，语法格式如下：

表 1 INNER JOIN 表 2 ON 表 1.连接字段=表 2.连接字段

内连接查询结果为表 1、表 2 中连接字段等价的数据，上面 3 个查询可分别用如下 3

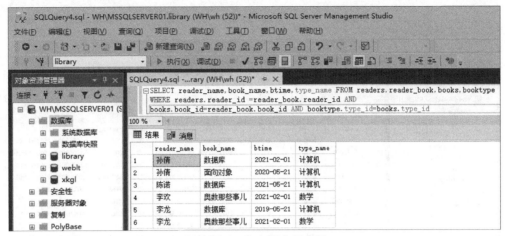

图 3-14　4 张表的查询结果

条内连接的条件表示。

```
SELECT btime FROM readers INNER JOIN reader_book ON readers.reader_id=reader_
book.reader_id WHERE reader_name='孙倩'
SELECT reader_name,book_name,btime FROM readers INNER JOIN reader_book ON
readers.reader_id=reader_book.reader_id INNER JOIN books ON reader_book.book
_id=books.book_id
SELECT reader_name,book_name,btime,type_name FROM readers INNER JOIN reader_
book ON readers.reader_id=reader_book.reader_id INNER JOIN books ON reader_
book.book_id=books.book_id INNER JOIN booktype ON booktype.type_id=books.
type_id
```

3. 左连接

左连接(LEFT JOIN)也叫左外连接，有左表和右表之分，语法格式如下：

表 1 LEFT [OUTER] JOIN 表 2 ON 表 1.连接字段=表 2.连接字段

该连接条件会将左表中的数据全部显示出来，右表记录在左表中有对应值就显示出来，没有对应值显示为 NULL，例如：

```
SELECT * FROM readers LEFT OUTER JOIN reader_book ON readers.reader_id=reader_
book.reader_id
```

结果如图 3-15 所示，readers 为左表，reader_book 为右表，OUTER 关键字可以省略。

4. 右连接

右连接(RIGHT JOIN)和左连接相似，只是将右表结果全部显示，左表与右表有对应的值就显示出来，无对应值以 NULL 显示，关键字为 RIGHT [OUTER] JOIN，例如。

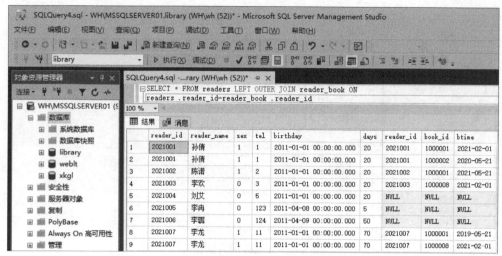

图 3-15 readers 表和 reader_book 表左连接查询结果

SELECT * FROM reader_book RIGHT JOIN readers ON readers.reader_id=reader_book.reader_id

查询结果与上述左连接结果一样。

5. 完全连接

完全连接(FULL JOIN)是左连接与右连接的综合,会将左表、右表的数据全部显示,有对应的值就对应显示,无对应的以 NULL 填充,关键字为 FULL [OUTER] JOIN,例如:

SELECT * FROM booktype FULL OUTER JOIN books ON booktype.type_id=books.type_id

查询结果如图 3-16 所示。

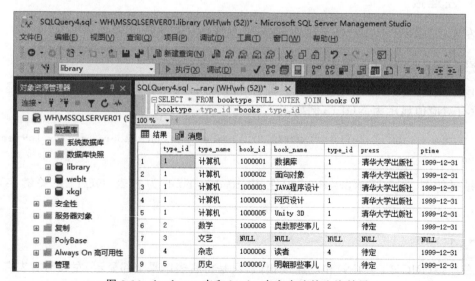

图 3-16 booktype 表和 books 表完全连接查询结果

因 books 表中的 type_id 全部能在 booktype 中找到对应的值,所以此时的 FULL JOIN 与 LEFT JOIN 的查询结果一样。

6. 交叉连接

交叉连接(CROSS JOIN)也叫无连接,查询结果是表中数据的所有组合可能,例如:

SELECT * FROM booktype CROSS JOIN books

等价于

SELECT * FROM booktype , books

因 books 表有 8 条记录,booktype 表有 5 条记录,其所有组合可能记录数为 8×5＝40,故无连接的查询结果有 40 条记录。

7. 自连接

自连接是指同一张表内进行的连接,此时要为表取别名。

例如,查询和"孙倩"性别相同且出生日期在 2000 年之后的读者信息,使用自连接表示的语句如下:

SELECT B.* FROM readers A, readers B WHERE A.reader_name ='孙倩' AND B.birthday>'2000-12-31' AND A.sex =B.sex AND B.reader_name<>'孙倩'

提示:此时 readers 表分别取别名 A、B,WHERE 关键字后的 A、B 不能用反了,否则查询结果不正确,查询结果如图 3-17 所示。

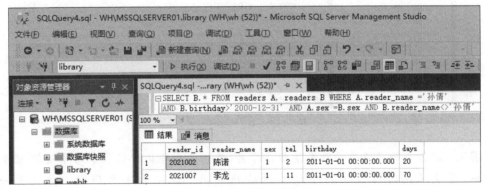

图 3-17　自连接查询结果

上述查询任务也可使用子查询实现,语句如下:

SELECT * FROM readers WHERE birthday>'2000-12-31' AND sex=(SELECT sex FROM readers WHERE reader_name='孙倩') AND reader_name <>'孙倩'

子查询将在 3.1.6 节中介绍。

8. 合并多个查询结果

合并多个查询结果也叫联合查询(UNION [ALL]),可以将两个以上的查询结果集合并成一个结果集,例如:

SELECT reader_id, reader_name FROM readers
union
SELECT book_id, book_name FROM books

查询结果如图 3-18 所示。

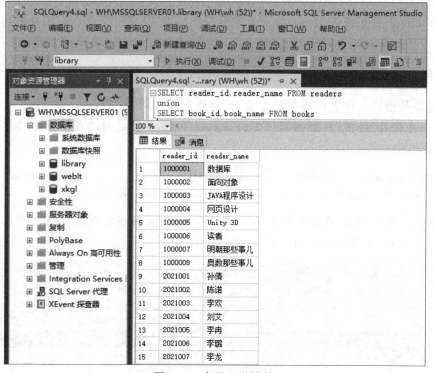

图 3-18 合并查询结果

提示:联合查询是将查询结果集顺序合并,要求每个查询结果集中的字段数、数据类型相同,宽度不同时以最宽的字段宽度输出结果。结果集中的字段名来自第一个 SELECT 语句。最后一个 SELECT 语句可以带 ORDER BY 子句,对整个查询结果起作用,但只可用第一个 SELECT 子句中的字段为排序关键字。不带 ALL 关键字只保存结果集中重复值中的一个,有 ALL 关键字会保留所有结果,例如:

SELECT reader_id, reader_name FROM readers
union all
SELECT book_id, book_name FROM books ORDER BY reader_id

查询结果如图 3-19 所示。

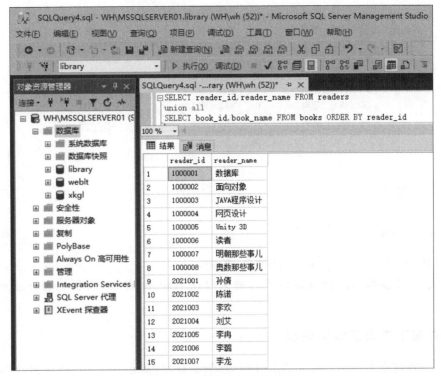

图 3-19 排序合并查询结果

3.1.5 使用数据查询添加记录

1. 语法格式

查询结果可以添加到数据表记录中，语法格式如下：

INSERT 表名[(字段名列表)] SELECT 字段名列表 FROM 表名列表 WHERE 条件

2. 举例

下列 T-SQL 程序段可将查询结果添加到数据表。

```
--生成一个新表 reader,其结构与 readers 表一样,但记录为空
SELECT * INTO reader FROM readers WHERE 2>3
--将 readers 表中 sex 为 1 的记录添加到 read 表中
INSERT reader SELECT * FROM readers WHERE sex=1
--将 readers 表中 sex 为 0 的记录添加到 reader 表中,只需要 reader_id、sex 和 reader_name 的值
INSERT reader(reader_id,sex,reader_name) SELECT reader_id,sex,reader_name
FROM readers WHERE sex=0
```

执行后 reader 表记录如图 3-20 所示。

reader_id	reader_name	sex	tel	birthday	days
2021001	孙倩	1	1	2011-01-01 00:00:00.000	20
2021002	陈诺	1	2	2011-01-01 00:00:00.000	20
2021007	李龙	1	11	2011-01-01 00:00:00.000	70
2021003	李欢	0	NULL	NULL	NULL
2021004	刘艾	0	NULL	NULL	NULL
2021005	李冉	0	NULL	NULL	NULL
2021006	李璐	0	NULL	NULL	NULL

图 3-20　reader 表记录

3.1.6　子查询

1. 引入问题

查询任务：查询没有借书读者的姓名、性别。

分析：读者没借书的特点是该读者的编号在 readers 表中，而在 reader_book 表中没有。

2. 嵌套子查询基本语法格式

当一个查询作为另一个查询的条件时，称为子查询，常见子查询的语法格式如下：

SELECT 字段名列表 FROM 表名列表 WHERE 字段名 IN|NOT IN|关系表达式 ANY|关系表达式 ALL (SELECT 字段名 FROM 表名列表 WHERE 条件表达式)

提示：圆括号内的 SELECT 块可称为内查询或子查询，圆括号外的查询叫父查询或外层查询，通过父查询 WHERE 后的字段名与子查询 SELECT 后的字段名相关联，通常子查询的字段名列表只有一个，应与父查询中的字段名含义相同。

3. 解决问题

查询没有借书读者的姓名、性别的语句如下：

SELECT reader_name, sex FROM readers WHERE reader_id NOT IN (SELECT reader_id FROM reader_book)

查询结果如图 3-21 所示。

同类问题：查询没有读者借阅的图书信息，即 book_id 在 books 表而在 reader_book 表中没有，语句如下：

SELECT * FROM books WHERE book_id NOT IN(SELECT book_id FROM reader_book)

查询结果如图 3-22 所示。

其他使用子查询的案例有：

SELECT * FROM readers WHERE birthday>(SELECT birthday FROM readers WHERE reader_name='孙倩')

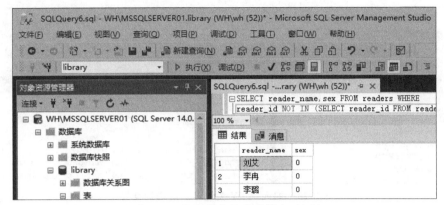

图 3-21 没有借书读者的姓名、性别

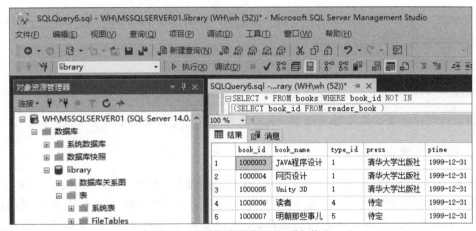

图 3-22 没有读者借阅的图书信息

功能说明：查询 birthday 比孙倩读者 birthday 大的学生的信息，结果集中没有孙倩的数据，如果条件将">"改成">="，则结果集中有孙倩的数据。

SELECT * FROM readers WHERE birthday>(SELECT birthday FROM readers WHERE sex=0)

功能说明：语句出错，因为 readers 表中 sex 为 0 的记录有 4 条，子查询中的 birthday 结果集有 4 个，即子查询的结果不止一个，此时可加上 ALL 或 ANY 关键字。

SELECT * FROM readers WHERE birthday>any (SELECT birthday FROM readers WHERE sex=0)

功能说明：>ANY 表示只要比子查询中的任意一个大即可，即比子查询结果中最小的大即可，查询结果如图 3-23 所示；>ALL 关键字表示要比结果集中所有的结果都大，即比子查询结果中最大的大才成立。

SELECT * FROM readers WHERE sex=1 AND birthday>(SELECT birthday FROM readers WHERE reader_name='孙倩')

功能说明：查询 readers 表中 sex 为 1 且 birthday 比孙倩的 birthday 大的读者信息。

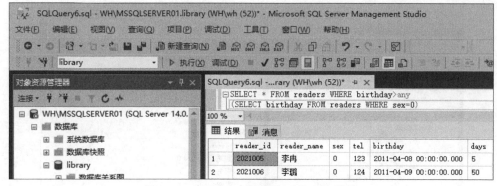

图 3-23　加入 ANY 关键字后的查询结果

几乎所有的内连接查询都可以用子查询实现,例如:

SELECT distinct readers.* FROM readers INNER JOIN reader_book ON readers.reader_id=reader_book.reader_id

等价于

SELECT * FROM readers WHERE reader_id IN(SELECT reader_id FROM reader_book)

提示:前一个查询要去除重复值,否则结果与后一个语句不同。

4. 相关子查询

相关子查询是指在子查询的条件中引用了父查询表中的字段值。相关子查询与前面的嵌套子查询执行顺序不同,嵌套子查询先执行子查询,然后将子查询作为父查询的条件;相关子查询是以父查询中的行为单位,先选取父查询中的第一行,然后子查询利用此行中的相关字段值进行查询,父查询根据子查询返回的结果,判断此行是否满足条件,满足就记录在结果集中,不满足就抛弃,然后继续选取父查询中的下一行,直到父查询中的所有行都判断完。

(1) 查询没有借阅 1000001 图书的读者姓名和性别。

使用嵌套子查询语句,如下:

SELECT reader_name,sex FROM readers WHERE reader_id NOT IN(SELECT reader_id FROM reader_book WHERE book_id='1000001')

使用相关子查询语句,如下:

SELECT reader_name,sex FROM readers WHERE NOT EXISTS(SELECT reader_id FROM reader_book WHERE readers.reader_id=reader_book.reader_id AND book_id!='1000001')

结果如图 3-24 所示。

提示:相关子查询中的查询字段列表可以用 *,而嵌套子查询不可以。

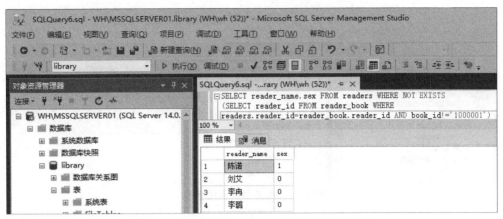

图 3-24　没有借阅 1000001 号图书的读者信息

（2）查询所有借书读者的编号、姓名和性别。

使用相关子查询的语句如下：

SELECT reader_id,reader_name,sex FROM readers WHERE EXISTS (SELECT * FROM reader_book WHERE readers.reader_id=reader_book.reader_id)

结果如图 3-25 所示。

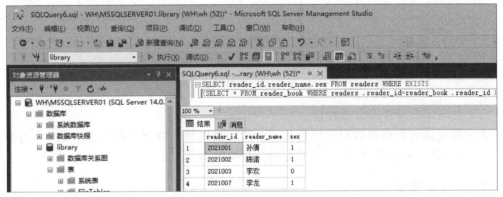

图 3-25　已借书读者的信息

SELECT reader_id,reader_name,sex FROM readers WHERE NOT EXISTS (SELECT * FROM reader_book WHERE readers.reader_id=reader_book.reader_id)

加上 NOT 关键字是将未借书读者的信息检索出来，结果如图 3-26 所示。

3.1.7　分组查询

1. 引入问题

（1）查询 2021001 读者借阅图书的数量。

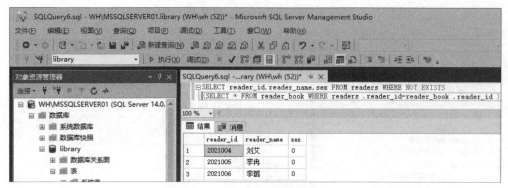

图 3-26 未借书读者的信息

SELECT count(*) FROM reader_book WHERE reader_id='2021001'

查询结果如图 3-27 所示。

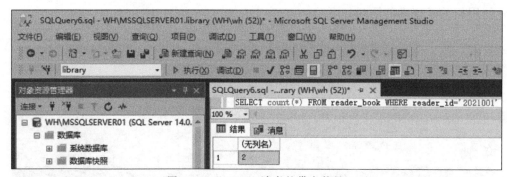

图 3-27 2021001 读者的借书数量

（2）查询每个读者的借书数量。

查询指定读者的借书数量可以直接查询到。如果要把每个读者的借书数量都计算出来，需要按照读者编号分别计算，此时要用到分组关键字。

2. 分组关键字

GROUP BY 可以按照某字段将将记录分成若干小组，语法格式如下：

GROUP BY 字段或计算字段 [HAVING 条件]

GROUP BY 关键字要放置在 WHERE 关键字之后，可以按照字段分隔表中数据，将值相同的分成一组。

3. 解决问题

（1）查询每个读者的借书数量。

SELECT reader_id 读者编号,count(*) 借书数量 FROM reader_book GROUP BY reader_id

查询结果如图 3-28 所示。

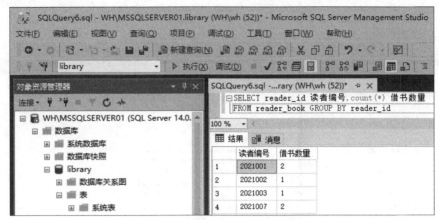

图 3-28 统计每个读者的借书数量

如果要查询读者的 reader_id、reader_name、sex、借书数量,查询语句如下:

```
SELECT reader_id, reader_name, sex, (SELECT count(*) FROM reader_book WHERE
reader_id=readers.reader_id) AS 借书数量 FROM readers
```

查询结果如图 3-29 所示,其中未借书读者的借书数量为 0。

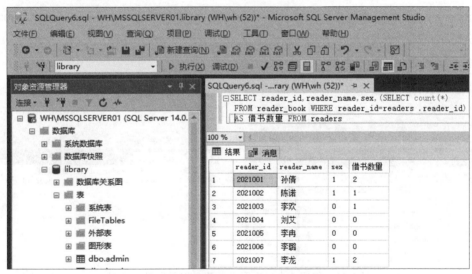

图 3-29 读者基本信息及借书数量

与上述问题相同,查询每本书的基本信息和借阅人数,语句如下:

```
SELECT booktype.*,books.book_id,books.book_name,选课人数=(SELECT COUNT(*)
FROM reader_book WHERE booktype.type_id=books.type_id AND books.book_id=
reader_book.book_id) FROM books INNER JOIN booktype ON books.type_id=booktype
.type_id
```

结果如图 3-30 所示。

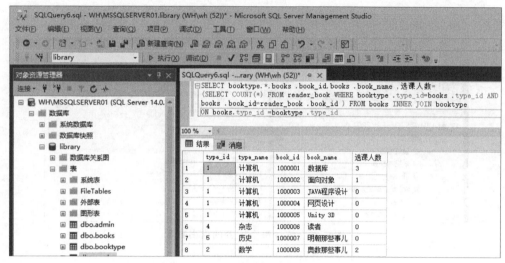

图 3-30　图书基本信息及借阅人数

（2）查询借阅 2 本以上图书的读者编号和借阅数量。

对分组结果进行筛选限制时，GROUP BY 筛选条件不能使用 WHERE 关键字，但可使用 HAVING 关键字对分组结果进行筛选，语句如下：

```
SELECT reader_id 读者编号, COUNT(reader_id) AS 借阅数量 FROM reader_book GROUP BY reader_id HAVING COUNT(reader_id)>=2
```

结果如图 3-31 所示。

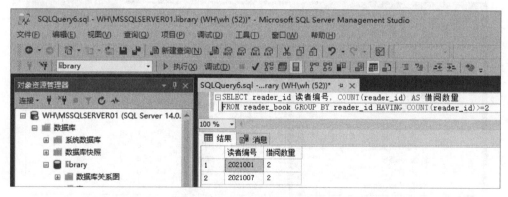

图 3-31　借阅 2 本以上图书的读者编号和借阅数量

任务 3-2　使用视图

3.2.1　视图

视图是基于一个或多个基本数据表而生成的虚拟表，视图可以看成是基本表的查询结果，视图中仅存储了视图的定义，没有存储实际数据，实际数据存储在基本表中。

使用视图可以较好地保护基本数据表，SQL Server 在默认情况下，允许通过视图中的数据操纵（增、删、改操作）影响基本表中的数据。

3.2.2 创建视图

1. 使用图形化方式创建视图

在"对象资源管理器"中选中 library 数据库中的"视图"文件夹，右击，在快捷菜单中选择"新建视图"命令，如图 3-32 所示。

视图设计器分为四个区块，依次为基本表窗格、字段窗格、SQL 语句窗格和查询结果窗格。在基本表窗格中右击，选择"添加表"命令，添加 readers、reader_book 表，添加成功后也可以在视图设计器中删除已添加的表（不会真正删除基本表），任务 2-3 已经为 reader_book 表设置了外键约束，所以可以看到两张表间的外键连接线，在视图设计器中勾选 readers 表视图前的"*（所有列）"复选框，勾选 reader_book 表的 btime 字段前的复选框，"排序类型"选择"降序"，如图 3-33 所示。保存视图为 View_readers，在任意处右击，选择"执行 SQL"命令，就可以在查询结果窗格中看到视图中的数据情况。

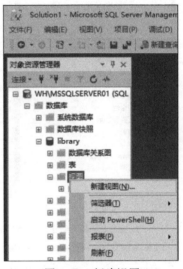

图 3-32 新建视图

2. 使用命令方式创建视图

从图 3-33 可以看出，每次在设计器中选择时，都会改动下方的语句行，语句是基本的查询语句。

（1）创建视图的语法格式如下：

```
CREATE VIEW 视图名[(视图字段名 1,视图字段名 2,…)]
    [WITH ENCRYPTION]
    AS SELECT 查询语句
    [WITH CHECK OPTION]
```

其中，WITH ENCRYPTION 关键字表示对视图加密，WITH CHECK OPTION 关键字表示对视图进行数据操作（INSERT、UPDATE、DELETE）时要满足视图定义中的条件。

（2）创建视图举例。

创建视图 View_readers1，保存借阅日期在 2021 年 1 月 3 日之后的读者基本信息，创建视图的语句如下：

```
CREATE VIEW View_readers1
    AS
```

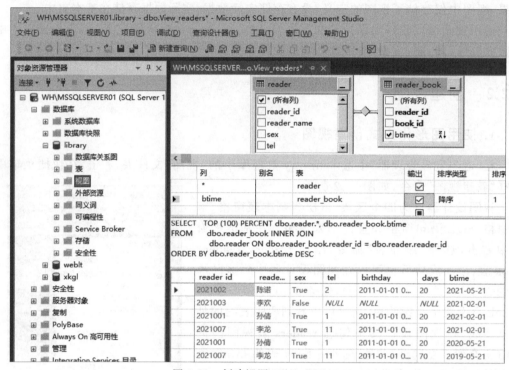

图 3-33　创建视图 View_readers

```
SELECT readers.*,btime FROM readers INNER JOIN reader_book ON reader_book.
reader_id=readers.reader_id where btime>'2021-1-3'
```

视图定义好以后,可以像基本表一样执行所有的查询。

3.2.3　通过视图修改基本表数据

1. 使用图形化方式实现

在"对象资源管理器"中选中视图 dbo.View_readers 并右击,在快捷菜单中选择"编辑前 200 行"命令,如图 3-34 所示。

在打开的视图表中将其中一行的 btime 值修改到 2021 年 1 月 3 日,再打开视图 View_readers1,会发现视图表中多了一条记录,打开 reader_book 表也会发现 score 值被修改成功。

2. 使用命令方式实现

将视图 View_reader 中 reader_id 值为 2021003 记录的 btime 值修改为 2021 年 2 月 3 日,语句如下。

```
UPDATE View_reader SET btime='2021-2-3' WHERE reader_id='2021003'
```

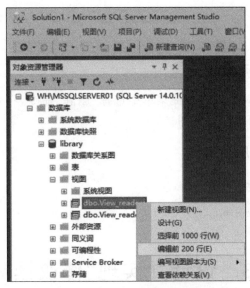

图 3-34　打开视图中的记录行

如果 2021003 的借阅日期在 View_reader 中有多行,它们都会被修改为 2021-2-3。

3. 限制条件

视图中数据的添加、修改、删除操作都会影响基本表,但并非全无限制。限制条例主要有:

(1) 视图中的计算字段不允许执行添加、修改操作,但可以删除。

(2) 视图中集合函数(如 SUM())字段不允许修改。

(3) 视图定义中有 GROUP BY、DISTINCT 关键字,不允许修改。

3.2.4　修改视图

1. 使用图形化方式修改视图

选中要修改的视图,右击,在快捷菜单中选择"设计"命令,打开"视图设计器",就可以修改视图,修改完后须保存才能生效。

2. 使用命令方式修改视图

修改视图的语法格式如下:

ALTER VIEW 视图名 AS 新 SELECT 语句

例如:

ALTER VIEW View_reader1 AS SELECT * FROM readers WHERE sex=0

修改视图 View_reader1,修改后视图中存储的是 readers 表中 sex 为 0 的记录行。

3.2.5 删除视图

1. 使用图形化方式删除视图

选中要删除的视图,右击,在快捷菜单中选择"删除"命令,在弹出的"删除对象"窗口中单击"确定"按钮,即可以删除视图。

2. 使用命令方式删除视图

删除视图的语法格式如下:

DROP VIEW 视图 1[,视图 2,...]

任务 3-3 设计并实现"修改读者"页面

3.3.1 窗体设计

打开"图书借阅系统"网站,在 Reader 文件夹中添加名为 UpdateReader.aspx 的 Web 窗体,窗体布局如图 3-35 所示。

图 3-35 窗体布局

窗体上各控件 ID 及部分属性如表 3-4 所示。

表 3-4 修改读者页面各控件属性

控件 ID	属 性	值	说 明
TextBox1	MaxLength	7	读者编号
TextBox2	MaxLength	20	姓名
TextBox3	MaxLength	10	出生日期
TextBox4	Text	30	借阅天数

续表

控件 ID	属 性	值	说 明
RadioButton1	Text	男	
	GroupName	sex	组名相同可保证只有一个被选中
	Checked	False	是否被选中
RadioButton2	Text	女	
	GroupName	sex	
	Checked	False	是否被选中
Button1	Text	查询	根据学号框的输入查询
Button2	Text	修改	确认修改
Button3	Text	退出	关闭当前页面

3.3.2 功能设计

1. 为 ConnSql 类添加方法

修改学生页面的功能是根据"读者编号"文本框中的输入,从 readers 数据表中查看输入的编号是否存在,存在就将其相应信息显示在各对应控件中,不存在就提醒用户。因此,需要用到查询,要将查询结果保存下来。这里,使用 ADO.NET 中另一对象 SqlDataAdapter,还要使用另一对象 DataTable。这里不再介绍这两个对象的常用属性和方法,仅介绍在本任务中的作用。

(1) 为 ConnSql 类添加引用。

打开 ConnSql.cs 文件,在引用部分添加如下引用。

```
using System.Data;     //添加引用是为了直接使用 DataTable 对象
```

(2) 为 ConnSql 类添加 RunSqlReturnTable()方法。

RunSqlReturnTable()方法返回一个类型为 DataTable 的返回值,其中装载有查询结果数据,代码如下:

```
public DataTable RunSqlReturnTable(string sqltext)
{
Open();        //调用 Open()方法打开数据库连接
//定义 SqlDataAdapter 实例 sda 并调用构造函数初始化 sda
SqlDataAdapter sda = new SqlDataAdapter(sqltext, con);
DataTable table = new DataTable();    //定义 DataTable 类的实例 table
sda.Fill(table);     //将 sda 对象中的数据装载进 table 中
Close();       //关闭数据库连接
return table;     //返回 table 对象的结果
```

}

2. "查询"功能设计

"查询"按钮是根据"读者编号"文本框中的输入,将 readers 表中对应字段值显示在各控件中。双击 UpdateReader.aspx 窗体设计视图中的"查询"按钮,打开 Button1 按钮的 Click 事件,事件代码如下:

```
protected void Button1_Click(object sender, EventArgs e)
{
    if (TextBox1.Text.Trim() =="")//TextBox1 的值为空
        WebMessage.Show("请输入读者编号!");
    else
    {
        ConnSql con =new ConnSql();
        System.Data.DataTable table =new System.Data.DataTable();
        //调用 RunSqlReturnTable()方法
        table =con.RunSqlReturnTable("select * from readers where reader_id='" +TextBox1.Text.Trim() +"'");
        //判断 table 中的行数,因读者编号不重复,最多 1 行
        if (table.Rows.Count ==0)
            WebMessage.Show("读者编号不存在!");
        else//读者编号存在,将相应字段显示在相关控件中
        {
            //DataTable 中列号从 0 开始,所以列号 1 代表姓名字段
            TextBox2.Text =table.Rows[0][1].ToString();
            //定义日期时间变量 d,保存读者的出生日期
            DateTime d =DateTime.Parse(table.Rows[0]["birthday"].ToString());
            TextBox3.Text =d.ToString("yyyy-MM-dd");
            //性别选项的显示,假定 sex 值为 0 表示女,1 表示男
            if (table.Rows[0]["sex"].ToString().Trim() =="False")
            {
                RadioButton1.Checked =false;      //设置男单选按钮为未选中状态
                RadioButton2.Checked =true;       //设置女单选按钮为选中状态
            }
            else if (table.Rows[0]["sex"].ToString().Trim() =="True")
            {
                RadioButton1.Checked =true;
                RadioButton2.Checked =false;
            }
        }
    }
}
```

3. "修改"功能设计

"修改"按钮是根据"读者编号"文本框中的值,将 readers 表中对应记录行的各字段值相应改动。双击 UpdateReader.aspx 窗体设计视图中的"修改"按钮,打开 Button2 按钮的 Click 事件,事件代码如下:

```
protected void Button2_Click(object sender, EventArgs e)
{
    ConnSql con =new ConnSql();
    string xb ="1";
    if (RadioButton1.Checked ==true)
        xb ="1";
    else if (RadioButton2.Checked ==true)
        xb ="0";
    //调用 RunSql()方法修改读者信息
    con.RunSql("update readers set reader_name='" +TextBox2.Text.Trim() +"',
sex=" +xb +",birthday='" +TextBox3.Text.Trim() +"',days='"+TextBox4 .Text+
"' where reader_id='" +TextBox1.Text.Trim() +"'");
    WebMessage.Show("修改成功!");
}
```

4. "退出"功能设计

双击 UpdateReader.aspx 窗体设计视图中的"退出"按钮,打开 Button3 按钮的 Click 事件,编写代码,如下:

```
protected void Button3_Click(object sender, EventArgs e)
{
    //调用内置对象 Response 的 Redirect()方法跳转到添加读者窗体
    Response.Redirect("AddReader.aspx");
}
```

课后练习:仿照修改读者页面,设计并实现修改图书类别(UpdateBooktype.aspx)、修改图书(UpdateBook.aspx)和修改管理员(UpdateAdmin.aspx)3 个页面。

任务 3-4 设计并实现"添加图书"页面

3.4.1 窗体设计

1. 窗体布局

在"图书借阅系统"网站中新建 Book 文件夹,并添加名为 AddBook.aspx 的 Web 窗体,窗体布局如图 3-36 所示。

图 3-36 窗体布局

AddBooks.aspx 窗体中部分控件的属性如表 3-5 所示。

表 3-5 添加图书信息页面各控件属性

控件 ID	属 性	值	说 明
TextBox1	MaxLength	7	图书编号
TextBox2	MaxLength	50	图书名
TextBox3	Text	待定	出版社
TextBox4	Text	2019-3-20	出版时间
DropDownList1			显示 booktype 表中图书类型信息
Button1	Text	添加	将数据添加到 books 表
Button2	Text	重填	复原各控件的值

2. 设置图书类型控件

单击图书类型行中的 DropDownList1 控件旁的>符号,选择"选择数据源"项,在弹出的"数据源配置向导"之"选择数据源"对话框中选择"新建数据源"下拉列表项,如图 3-37 所示。

在弹出的"选择数据源类型"对话框中,选择从"数据库"中获取数据,将自动添加 ID 为 SqlDataSource1 的数据源,如图 3-38 所示。

单击"确定"按钮,弹出"选择您的数据连接"对话框,在数据连接的下拉列表中选择 tsgl1 项,如图 3-39 所示。

单击"下一步"按钮,弹出"配置 Select 语句"对话框,如图 3-40 所示。

单击"下一步"按钮,弹出"测试查询"对话框,单击"测试查询"按钮后对话框如图 3-41 所示。

单击"完成"按钮后返回 DropDownList1 控件的"数据源配置向导"对话框,将"选择要在 DropDownList 中显示的数据字段"设置为 type_name,"为 DropDownList 的值选择数据字段"设置为 type_id,如图 3-42 所示。

在进行如图 3-42 所示的设置后,AddBook.aspx 窗体运行后在 DropDownList1 控件

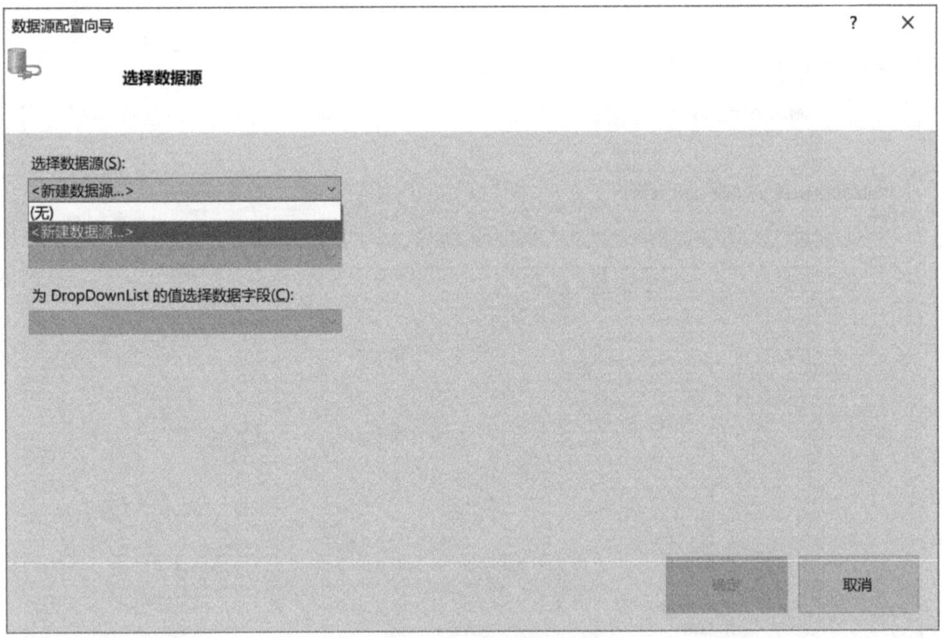

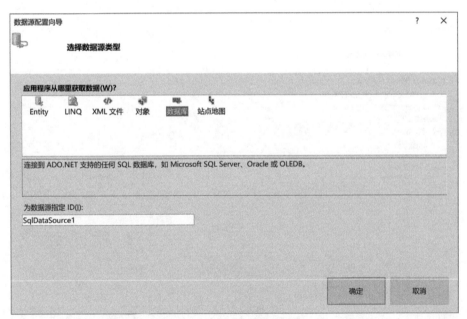

图 3-37 新建数据源

图 3-38 设置数据源类型

中显示的值是 booktype 表的 type_name 值,而 DropDownList1 的 SelectedValue 属性值为对应的 type_id 值。

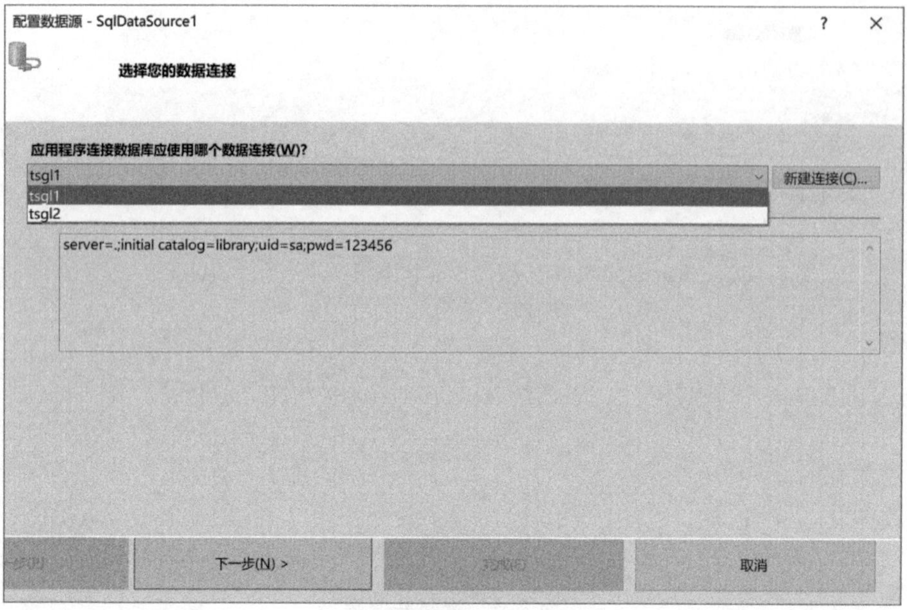

图 3-39 选择数据连接

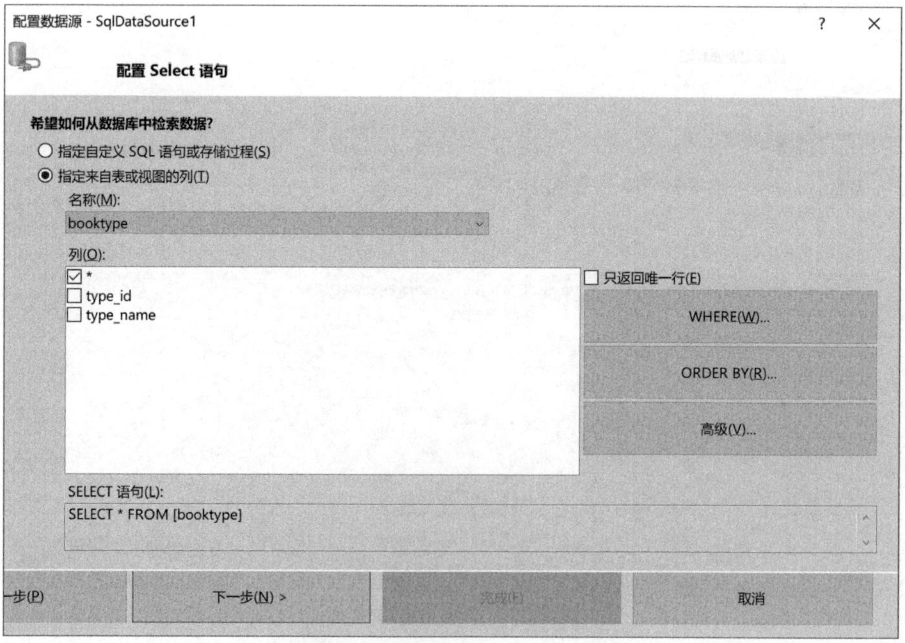

图 3-40 "配置 Select 语句"对话框

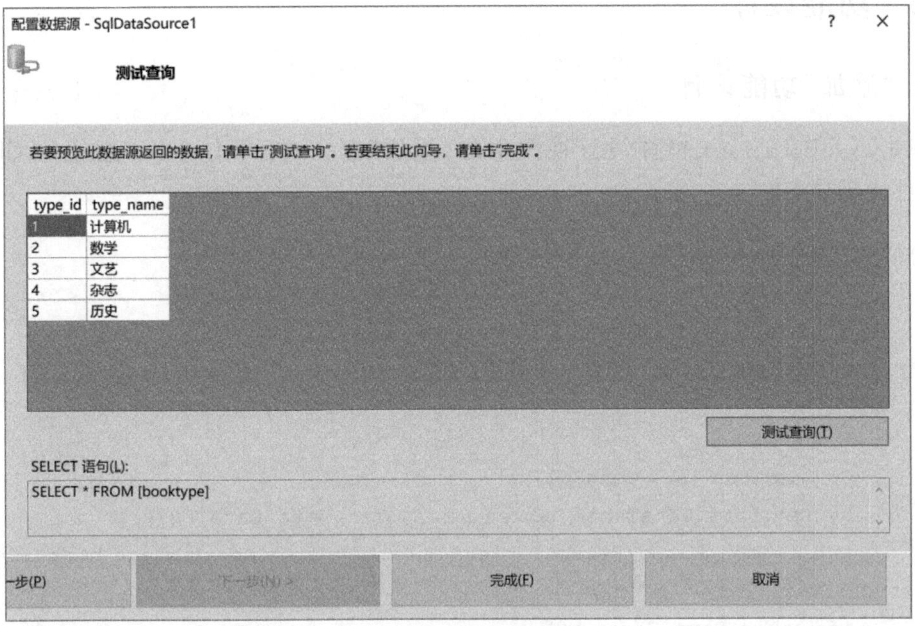

图 3-41 测试查询

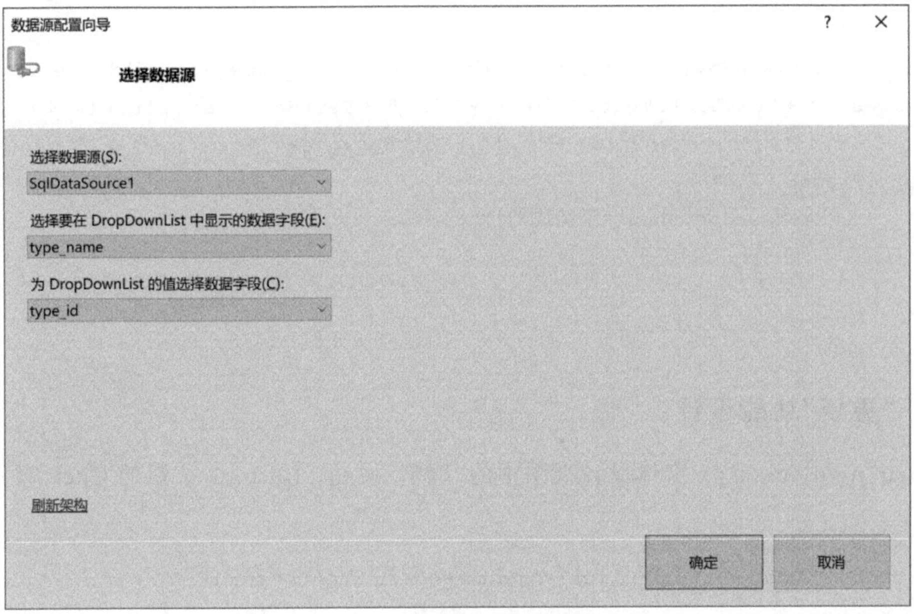

图 3-42 设置显示字段和数据字段

3.4.2 功能设计

1. "添加"功能设计

双击 AddBook.aspx 窗体设计视图中的"添加"按钮,打开 Button1 按钮的 Click 事件,事件代码如下:

```
protected void Button1_Click(object sender, EventArgs e)
{
    if (TextBox1.Text.Trim() =="")
      WebMessage.Show("请输入图书号!");
    else
    {
      ConnSql con =new ConnSql();
      System.Data.DataTable table =new System.Data.DataTable();
      table =con.RunSqlReturnTable("select * from books where book_id='" +
TextBox1.Text.Trim() +"'");
      if (table.Rows.Count >0)
        WebMessage.Show("图书号已存在,请更换!");
      else
      {
        con.RunSql("insert books (book_id, book_name, type_id, press, ptime)
values('" + TextBox1.Text.Trim() +"','" + TextBox2.Text.Trim() +"','" +
DropDownList1.SelectedValue +"','" + TextBox3.Text.Trim() +"','" + TextBox4.
Text.Trim() +"')");
        WebMessage.Show("添加成功!");
      }
    }
}
```

2. "重填"功能设计

双击 AddBook.aspx 窗体设计视图中的"取消"按钮,Button2 按钮的 Click 事件代码如下:

```
protected void Button2_Click(object sender, EventArgs e)
{
    TextBox1.Text =TextBox2.Text ="";
    TextBox3.Text ="待定";
    TextBox4.Text =DateTime .Now.ToString ("yyyy-MM-dd");
    DropDownList1.SelectedIndex =0;
}
```

任务 3-5　设计并实现"修改图书"页面

"修改读者"页面根据用户输入的读者编号修改，如果不知道读者编号就没有办法修改数据。本节的"修改图书"页面先将 books 表中的图书显示出来，然后再选择要修改的图书进行修改。

3.5.1　浏览图书功能设计

在"图书借阅系统"网站的 Book 文件夹中添加名为 BookList.aspx 的 Web 窗体，将图书以列表形式显示在窗体中。图书管理页面布局如图 3-43 所示。

使用工具箱"数据"项中的 GridView 控件显示图书信息，GridView 控件在工具箱中的位置如图 3-44 所示。

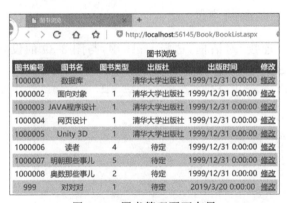

图 3-43　图书管理页面布局

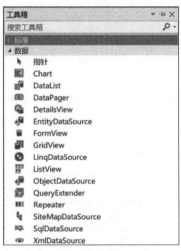

图 3-44　GridView 控件在工具箱中的位置

拖放一个 ID 为 GridView1 的 GridView 控件到 BookList.aspx 窗体，单击控件右上角的＞，展开 GridView 任务，选择"选择数据源"为"新建数据源"，如图 3-45 所示。

图 3-45　新建数据源

在弹出的"选择数据源类型"对话框中选择"数据库"项,将自动添加 ID 为 SqlDataSource1 的数据源,如图 3-46 所示。

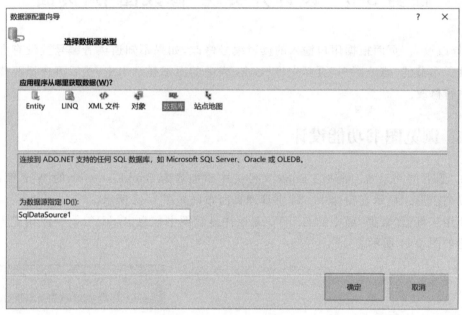

图 3-46　选择数据源类型

单击"确定"按钮,弹出"选择您的数据连接"对话框,选择 tsgl1 项,与图 3-39 的设置相同。单击"下一步"按钮后,弹出"配置 Select 语句"对话框,设置如图 3-47 所示。

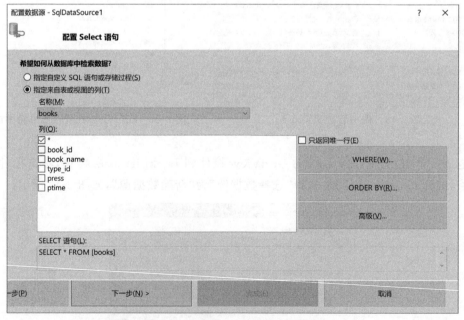

图 3-47　"配置 Select 语句"对话框

单击"下一步"按钮,直至完成配置。

然后再单击 GridView1 的任务中的"自动套用格式"链接,弹出"自动套用格式"对话框,设置如图 3-48 所示。

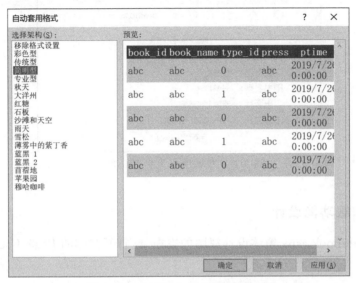

图 3-48　GridView 的自动套用格式

打开 BookList.aspx 窗体的源视图,编辑 GridView1 中＜Columns＞项的源代码,如下:

```
<Columns>
<asp:BoundField DataField="book_id" HeaderText="图书编号" ReadOnly="True" SortExpression="book_id" />
<asp:BoundField DataField="book_name" HeaderText="图书名" SortExpression="book_name" />
<asp:BoundField DataField="type_id" HeaderText="图书类型" SortExpression="type_id" />
<asp:BoundField DataField="press" HeaderText="出版社" SortExpression="press" />
<asp:BoundField DataField="ptime" HeaderText="出版时间" SortExpression="ptime" />
<asp:TemplateField HeaderText="修改">
    <ItemTemplate>
      <a href="UpdateBook.aspx?bid=<%# Eval("book_id") %>">修改</a>
    </ItemTemplate>
  </asp:TemplateField>
</Columns>
```

3.5.2　修改图书功能设计

1. 窗体设计

将 BookList.aspx 窗体 GirdView1 中的修改链接到 UpdateBook.aspx 窗体,在"图书

借阅系统"网站的 Book 文件夹中添加名为 UpdateBook.aspx 的 Web 窗体。修改图书信息页面布局如图 3-49 所示。

图 3-49　修改图书信息页面布局

2. 窗体加载功能设计

双击 UpdateBook.aspx 窗体设计视图的空白处,打开窗体的 Page_Load()事件,事件代码如下:

```
protected void Page_Load(object sender, EventArgs e)
{
    if (IsPostBack ==false)
    {
        //获取从 BookList 窗体传递的 bid 参数
        string bid =Request.QueryString["bid"].ToString();
        ConnSql con =new ConnSql();
        System.Data.DataTable table =new System.Data.DataTable();
        table =con.RunSqlReturnTable("select * from books where book_id='" +bid +"'");
        if (table.Rows.Count >0)
        {
            //将 books 表中记录的字段值显示在对应控件中
            TextBox1.Text =table.Rows[0][0].ToString();
            TextBox2.Text =table.Rows[0]["book_name"].ToString();
            TextBox3.Text =table.Rows[0]["press"].ToString();
            TextBox4.Text =table.Rows[0]["ptime"].ToString();
            DropDownList1.SelectedValue =table.Rows[0]["type_id"].ToString();
        }
    }
}
```

3. "修改"功能设计

双击 UpdateBook.aspx 窗体中的修改按钮,编写按钮的 Click 事件代码如下:

```
protected void Button1_Click(object sender, EventArgs e)
{
    //定义 ConnSql 类的实例 con
    ConnSql con =new ConnSql();
    //调用 RunSql()方法执行 update 修改命令
    con.RunSql("update books set book_name='" +TextBox2.Text.Trim() +"',type_id= '" + DropDownList1.SelectedValue.Trim() + "', press = '" + TextBox3.Text.Trim() +"',ptime= '" + TextBox4.Text.Trim() + "' where book_id='" + TextBox1.Text.Trim() +"'");
    //命令执行成功后提醒修改成功并跳转到 BookList.aspx 窗体
    WebMessage.Show("修改成功", "BookList.aspx");
}
```

双击 UpdateBook.aspx 窗体中的"返回"按钮,编写按钮的 Click 事件代码如下:

```
protected void Button2_Click(object sender, EventArgs e)
{
    //返回图书浏览窗体
    Response.Redirect("BookList.aspx");
}
```

任务 3-6　设计并实现"管理员登录"页面

3.6.1　窗体设计

在"图书借阅系统"网站的根目录下添加名为 Login.aspx 的 Web 窗体,用作管理员登录入口。

1. 窗体布局

管理员登录页面布局如图 3-50 所示。

图 3-50　管理员登录页面布局

2. 控件属性

管理员登录页面各控件属性如表 3-6 所示。

表 3-6 管理员登录页面各控件属性

控件 ID	属 性	值	说 明
TextBox1	MaxLength	16	输入用户名
TextBox2	MaxLength	16	输入密码
	TextMode	Password	密码用掩码显示
TextBox3	MaxLength	0	输入验证码
Button1	Text	登录	实现登录
Button2	Text	重填	清空输入内容
Button3	Text		显示产生的随机验证码

3.6.2 功能设计

1. 验证码类设计

在"图书借阅系统"网站的 App_Code 文件夹中添加名为 Yzm.cs 的类，并添加静态方法 CreateYzm(int n) 用于生产验证码，代码如下：

```
public static string CreateYzm(int n)
{
    //定义一个包括数字、大写英文字母和小写英文字母的字符串
    string strchar = "0,1,2,3,4,5,6,7,8,9,A,B,C,D,E,F,G,H,I,J,K,L,M,N,O,P,Q,R,S,T,U,V,W,X,Y,Z,a,b,c,d,e,f,g,h,i,j,k,l,m,n,o,p,q,r,s,t,u,v,w,x,y,z";
    //用 Split() 方法将字符串按照指定分隔符转换为 String 数组
    string[] VcArray = strchar.Split(',');
    string VNum = "";
    //记录上次随机数值,尽量避免产生几个一样的随机数
    int temp = -1;
    Random rand = new Random();//定义随机数对象
    for (int i = 1; i < n + 1; i++)
    {
        if (temp != -1)
        {
            //unchecked 关键字用于取消整型算术运算和转换的溢出检查
            //DateTime.Ticks 属性获取表示此实例的日期和时间的刻度数
            rand = new Random(i * temp * unchecked((int)DateTime.Now.Ticks));
        }
        //Random.Next() 方法返回一个小于所指定最大值的非负随机数
```

```
        int t = rand.Next(61);
        if (temp != -1 && temp == t)
            return CreateYzm(n);
        temp = t;
        VNum += VcArray[t];
    }
    return VNum;//返回生成的随机数
}
```

2. 加载验证码

在 Login.aspx 窗体设计视图的空白处双击,打开窗体的 Page_Load 事件,编写代码将随机验证码显示在 Button3 按钮上。

```
protected void Page_Load(object sender, EventArgs e)
{
    if (IsPostBack == false)
        Button3.Text = Yzm.CreateYzm(4);//产生长度为4的验证码
}
```

3. 刷新验证码

在 Login.aspx 窗体设计视图中双击 Button3 按钮,打开按钮的 Click 事件,编写如下代码,用于刷新验证码。

```
protected void Button3_Click(object sender, EventArgs e)
{
    Button3.Text = Yzm.CreateYzm(4);
}
```

4. "登录"功能设计

在 Login.aspx 窗体设计视图中双击 Button1 按钮,编写"登录"按钮的 Click 事件代码,用于判断输入的用户名和密码是否正确。代码如下:

```
protected void Button1_Click(object sender, EventArgs e)
{
    //判断用户名、密码、验证码有没有输入,没有输入则提醒
    if (TextBox1.Text.Trim() == "")
        WebMessage.Show("请输入用户名");
    else if (TextBox2.Text.Trim() == "")
        WebMessage.Show("请输入密码");
    else if (TextBox3.Text.Trim() == "")
        WebMessage.Show("请输入验证码");
    //判断验证码输入是否正确(不区分大小写),不正确则提醒
```

```
    else if (TextBox3.Text.Trim().ToUpper()!=Button1.Text.Trim().ToUpper())
        WebMessage.Show("验证码错误!");
    else
    {
        string sqltext ="select * from admin where uid='" +TextBox1.Text.Trim() +"'";
        System.Data.DataTable table =new System.Data.DataTable();
        ConnSql con =new ConnSql();
        table =con.RunSqlReturnTable(sqltext);//调用返回 DataTable 对象的方法
        if (table.Rows.Count <=0)
            WebMessage.Show("用户名错误!");
        else if (table.Rows[0][1].ToString().Trim()!=TextBox2.Text)
            WebMessage.Show("密码错误!");
        else//当用户合法时保存用户名密码到 Session,并跳转到管理员首页
        {
            Session["uid"] =TextBox1.Text.Trim();
            Session["pwd"] =TextBox2.Text.Trim();
            WebMessage.Show("全部正确", "Index_Admin.aspx");
        }
    }
}
```

5. "重填"功能设计

在 Login.aspx 窗体设计视图中双击 Button2 按钮,编写"取消"按钮的 Click 事件代码,用于清空已输入并刷新验证码。代码如下:

```
protected void Button2_Click(object sender, EventArgs e)
{
    //清空填写的内容
    TextBox1.Text =TextBox2.Text =TextBox3.Text ="";
    Button3.Text =Yzm.CreateYzm(4);
}
```

任务 3-7　存储过程设计

3.7.1　局部变量

变量分为全局变量和局部变量,SQL Server 中允许用户定义局部变量。全局变量反映了系统状态,由开发人员定义,用户只能定义局部变量,不能定义全局变量。局部变量名的起始字符必须为一个@(全局变量前有两个@)。

1. 定义局部变量

（1）定义局部变量的语法格式如下：

DECLARE {@变量名 数据类型}[,…]

（2）举例。

DECLARE @a INT, @b INT

功能说明：同时定义两个 INT 型变量，变量名分别为@a 和@b。

DECLARE @c FLOAT ,@d char(2)

功能说明：同时定义两个不同类型的变量。

2. 局部变量赋值

（1）局部变量赋值的语法格式。

使用 SELECT 关键字赋值的方法：

SELECT 变量名1=表达式/字段名 [FROM 子句][WHERE 子句]……,变量名2=……

使用 SET 关键字赋值的方法：

SET 变量名=表达式

由语法格式可以看出，SET 一次只可以给一个变量赋值，SELECT 一次可以给多个变量赋值；SELECT 可以将数据表中的字段值赋给变量，SET 不可以。

（2）举例。

--定义 4 个变量
DECLARE @a INT ,@b char(2),@c varchar(8),@d date
--为变量赋值
SELECT @a=12,@b='AB' --如果@b 赋值的长度大于 2 会如何
SET @c='1.2345'
--是哪个 btime 赋值给了@d,此赋值方法与给字段取别名有何区别？
SELECT @d=btime FROM reader_book
--输出 4 个变量的值
SELECT @a,@b,@c,@d

该程序段执行结果如图 3-51 所示。

如果给@b 局部变量赋予长度大于 2 的字符串，程序不会报错，但会将表达式从左往右取 2 位，其余字符被舍弃；@d 局部变量中保存的是 reader_book 表中最后一条记录的 btime。

SELECT 关键字可以将变量的值输出在结果框中，一次可以输出多个变量的结果，PRINT 关键字可以将变量值输出在消息框中，只是一次只可以输出一个变量的结果，代码如下：

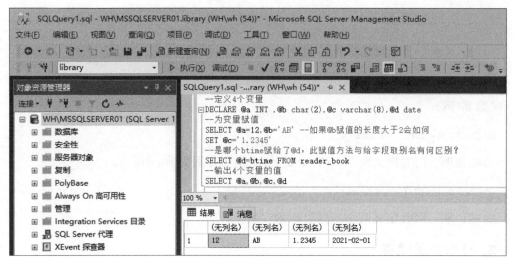

图 3-51　变量的使用

```
--定义变量
DECLARE @a INT ,@b char(2)
--变量赋值
SELECT @a=2+5*3+4/2.5+4/2,@b='1.2'
--变量输出
PRINT @a
PRINT @b
```

输出结果如图 3-52 所示。

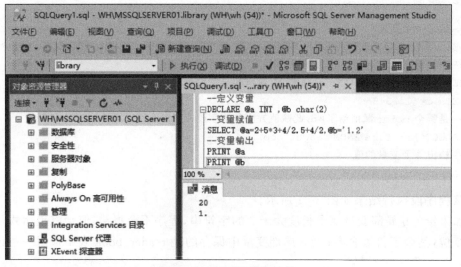

图 3-52　PRINT 输出结果

3.7.2 流程控制语句

1. 批处理语句

有些 T-SQL 语句不能同时执行,如果要写在同一个文件中,中间可以用批处理语句 GO 关键字分开,且加批处理关键字 GO 后,各块之间的错误互不干扰,也不影响程序执行。

2. 注释语句

(1) 单行注释语法格式有以下两种。

--单行注释文本
/*单行注释文本 */

(2) 多行注释语法格式如下:

/*
多行注释
*/

3. 逻辑块语句

T-SQL 中的逻辑块语句为 BEGIN… END,该关键字可以将多条 SQL 语句组成一条逻辑块语句,相当于 C♯语言中的{}。

4. 分支结构程序设计

(1) IF…ELSE 分支结构。

IF…ELSE 分支结构的语法格式如下:

```
IF 逻辑表达式
    语句块 1
ELSE
    语句块 2
```

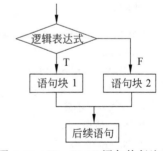

图 3-53　IF…ELSE 语句执行流程

该分支结构的执行流程如图 3-53 所示。
例如:

```
DECLARE @aDATE     --定义局部变量@a
--将 reader_book 表中 reader_id 为 2021001 且 book_id 为 1000001 的 btime 值赋给@a
SELECT @a=btime FROM reader_book WHEREreader_id='2021001' AND book_id='1000001'
--判断@a 的值满足的条件,PRINT 不同消息
if @a<'2020-1-1'
    PRINT '2020 年以前'
```

```
else
   PRINT '2020年以后'
```

又如：

```
DECLARE @a INT,@b INT    --定义局部变量@a和@b
SELECT @a=1,@b=2         --为局部变量@a和@b赋值
if @a>1
   BEGIN
   SET @a=@a+1
   SET @b=@a+1
   END
else
   SELECT @a=3
SET @b=@a+1
SELECT @a,@b
```

输出结果为3和4。

(2) CASE…END 分支结构。

语法格式1：

```
CASE 表达式
    WHEN 值1 THEN 结果表达式1
    WHEN 值2 THEN 结果表达式2
...
    [ELSE 结果表达式N]
END
```

例如：

```
SELECT reader_id,reader_name,
CASE sex
    WHEN 0 then '女'
    WHEN 1 then '男'
    ELSE '不确定'
END AS 性别
FROM readers
```

程序执行结果如图 3-54 所示。

语法格式2：

```
CASE
    WHEN 逻辑表达式1 THEN 结果表达式1
    WHEN 逻辑表达式2 THEN 结果表达式2
    ...
    [ELSE 结果表达式N]
END
```

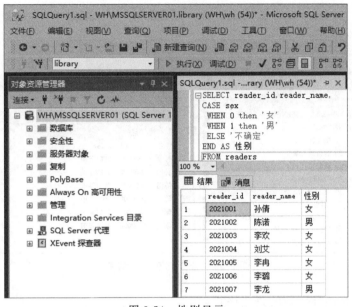

图 3-54 性别显示

例如：

```
SELECT 姓名=CASE reader_id
    WHEN '2021001' then '孙倩'
    WHEN '2021002' then '陈诺'
    WHEN '2021003' then '李欢'
    WHEN '2021004' then '刘艾'
    WHEN '2021005' then '李冉'
    WHEN '2021006' then '李璐'
    WHEN '2021007' then '李龙'
    ELSE '请查询'
END
,book_id,
CASE
    WHEN btime<='2019-12-31' then '2019 年前'
    WHEN btime<='2020-12-31' then '2020 年前'
    WHEN btime<='2021-12-31' then '2021 年前'
    ELSE '其他'
END
btime
FROM reader_book
```

程序执行结果如图 3-55 所示。

5. 循环语句

T-SQL 中使用 WHILE 关键字实现循环结构。

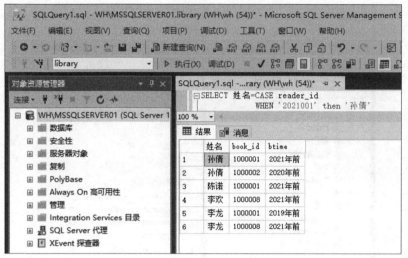

图 3-55 分支判断查询结果

(1) WHILE 循环语句的语法格式如下：

WHILE 逻辑表达式
BEGIN
　　循环体语句
END

语句执行流程如图 3-56 所示。

WHILE 语句中还可以带上 CONTINUE、BREAK 关键字，此处不再介绍。

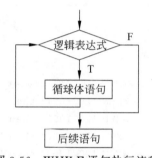

图 3-56 WHILE 语句执行流程

(2) 循环结构举例。

以下程序段计算 1+2+…+100 的和。

```
DECLARE @a INT,@s INT
SELECT @a=1,@s=0
WHILE @a<=100
  BEGIN
    SET @s=@s+@a
    SET @a=@a+1
  END
SELECT @a,@s
```

以下程序段判断 readers 表中如果有 days 低于 10 天的记录存在，就将所有读者的 days 都加 1。

```
WHILE EXISTS(SELECT * FROM readers WHERE days<10)
    BEGIN
        UPDATE readers SET days=days+1
    END
```

6. 无条件转移语句

GOTO 语句可以将程序直接跳转到标示符语句处执行，标示符要带英文冒号，以下程序段计算 1＋2＋…＋10 的和。

```
DECLARE @a INT,@s INT
SELECT @a=1,@s=0
LB:
  SET @s=@s+@a
  SET @a=@a+1
if @a<=10
GOTO LB
PRINT @s
```

7. 无条件退出语句

RETURN 语句可以无条件地退出正在执行的批处理、存储过程或触发器，并可以返回一个整数或整型表达式。

3.7.3 存储过程设计

1. 存储过程概念

存储过程是数据库对象中的一种，从名称可以看出，是一段存储起来备用的 T-SQL 程序，当需要时执行存储过程，用于完成某项具体的操作。

使用存储过程的原因：方便，可以将一组预编译的 T-SQL 语句作为数据库对象保存，以备后用，为重复调用执行该组语句提供极大的方便；执行速度快，存储过程是预编译的，第一次执行时，SQL Server 为其产生查询计划并保留在内存中，以后再调用就无须再编译；安全，存储过程可以提供输入、输出参数，避免数据库细节暴露。

2. 存储过程的类型

（1）系统存储过程。

系统存储过程的定义在系统数据库 master 中，以 sp_作为存储过程的前缀。可以在 master 数据库"可编程性"文件夹的"存储过程"子文件夹中查看到所有的"系统存储过程"，如图 3-57 所示。系统存储过程可以被所有的数据库调用，具有全局性。

（2）用户自定义存储过程。

用户自定义存储过程也叫本地存储过程，由用户创建，通常只能在创建的数据库中使用，命名时前缀最好不要使用 sp_前缀，可采用 up_前缀。

（3）临时存储过程。

临时存储过程是用户自定义存储过程的一种，名称前带有一个♯的为局部临时存储过程，名称前有两个♯的为全局临时存储过程，当服务器重启后，临时存储过程就被自动

图 3-57 查看系统存储过程

删除。

此外,还有远程存储过程、扩展存储过程等,本书不再介绍。

3. 创建用户自定义存储过程

创建用户自定义存储过程可以使用图形化和命令两种方式。使用图形化方式创建时,先选择存储过程所在的数据库,在"可编程性"文件夹的"存储过程"子文件夹处右击,在快捷菜单中选择"新建存储过程"命令,可打开新建存储过程的查询窗口,输入过程代码,执行语句即可创建存储过程。本书主讲使用命令方式创建用户自定义存储过程。

(1)创建用户自定义存储过程的命令格式如下:

```
CREATE PROC[EDURE]存储过程名 [参数名 类型   [=默认值],……]
AS
SQL 语句   [SQL 语句……]
```

(2)创建无参数的存储过程。

下列程序段创建无参数存储过程 up_reader,用于显示 readers 表中 sex 为 1 的行。

```
USE library--设置当前数据库
GO
--创建存储过程
CREATE PROC up_reader
AS
```

```
SELECT * FROM readers WHERE sex=1
```

执行程序段，当消息框出现"命令已成功完成。"时，表示存储过程创建成功，创建存储过程时并没将查询结果显示出来，要执行存储过程中的 SQL 语句，需要调用 EXEC 命令执行存储过程。

（3）创建有参数的存储过程。

① 下列程序段创建有一个参数的存储过程。

```
USE library
GO
CREATE PROCEDURE up_reader2 @reader_id char(7)
AS
IF EXISTS(SELECT * FROM readers WHERE reader_id=@reader_id)
SELECT readers.reader_id, reader_name, book_id, btime FROM readers, reader_book
WHERE readers.reader_id=reader_book.reader_id AND readers.reader_id=@reader_id
ELSE
    PRINT '你提供的读者号不存在！'
```

存储过程 up_reader2 可根据参数@reader_id 查询该值在 readers 表中是否存在，存在就查询其借阅信息，没有就提示"你提供的读者号不存在！"，参数@reader_id（参数前要带上局部变量的前缀@）的数据类型和宽度与 readers 表中的 reader_id 字段类型相同（定义参数时，参数的类型最好与相关联的数据类型同类，宽度可以相同或更大）。

② 下列程序段创建有多个参数的存储过程。

```
USE library
GO
CREATE PROCup_reader3 @dzh char(7),@sh char(7),@jysj date
AS
UPDATE reader_book SET btime=@jysj WHERE reader_id=@dzh AND book_id=@sh
```

存储过程 up_reader3 有 3 个参数，根据提供的参数修改 reader_book 表中对应 reader_id 和 book_id 记录的 btime 值。

③ 以下程序段创建参数有默认值的存储过程。

```
USE library
GO
CREATE PROC up_reader4 @dzh char(7),@sh char(7),@jysj DATE='2021-10-1'
AS
INSERT reader_book VALUES(@dzh,@sh, @jysj)
```

存储过程 up_reader4 有 3 个参数，其中第 3 个参数带默认值 0，根据提供的参数将数据添加到 reader_book 表中。

（4）执行存储过程。

直接使用 EXEC［UTE］语句执行存储过程。

① 执行不带参数的存储过程。

```
EXEC 存储过程名
```

② 执行带参数的存储过程。

执行只有1个参数的存储过程的语句如下：

```
EXEC 存储过程名    [参数名=]参数值
```

执行有多个参数的存储过程的语句如下：

```
EXEC 存储过程名    [参数名1=]参数值1,[参数名2=]参数值2,…
```

如果执行存储过程的语句在批处理的第一条，可省略 EXEC 关键字。

下列程序段分别执行创建的各个存储过程。

```
USE library
GO
up_reader                                    --执行不带参数的存储过程
EXEC up_reader2 @reader_id='2021002'         --未省略参数
EXEC up_reader2 '2021003'                    --省略参数名
GO
--省略参数名要按参数顺序指定,要全体省略
up_reader3 '2021002','1000002','2021-1-1'
--不省略参数名则必须全部书写
EXEC up_reader4 @sh='1000003',@dzh='2021002',@jysj='2021-1-1'
--省略第3个参数,使用定义时的默认值
EXEC up_reader4 '2021002','1000005'
```

(5) 带输出参数的存储过程。

存储过程中若有返回值，可在创建时带上输出参数，输出参数使用 OUTPUT 关键字，例如：

```
USE library
GO
CREATE PROC reader_out @reader_id char(7),@min DATETIME OUTPUT
AS
SELECT @min=min(btime) FROM reader_book WHERE reader_id=@reader_id
```

存储过程 reader_out 根据读者编号计算该读者的最早借书时间并输出，@reader_id 可称为输入参数，@min 是输出参数。

执行带输出参数的存储过程的语句如下：

```
DECLARE @min DATETIME
EXEC reader_out '2021001',@min out
SELECT @min
```

提示：执行带输出参数的存储过程时，要定义变量将输出参数存储起来，变量名可以和参数名不同，但类型和参数位置必须对应。

3.7.4 触发器设计

1. 触发器简介

(1) 触发器的概念。

触发器是一种特殊的存储过程,存储过程要使用 EXEC 命令被动执行,触发器是当数据表或数据库遇到指定操作时自动触发执行的存储过程。数据表记录的 INSERT、UPDATE、DELETE 操作都可以设置触发器,数据库对象的 CREATE、ALTER、DROP 操作也可以设置触发器。

(2) 触发器的类别。

根据触发器概念的描述,可将触发器分成两类,一类是针对表记录的 DML 触发器,另一类是针对数据库对象的 DDL 触发器。

① DML 触发器。

数据操纵触发器,数据操纵语言(Data Master Language,DML)是 SQL 语言中的一种,主要有 INSERT、UPDATE 和 DELETE 三个关键字。

② DDL 触发器

数据定义触发器,数据定义语言(Data Define Language,DDL)对应 CREATE、ALTER 和 DROP 三个关键字。

2. 创建 DML 触发器

(1) DML 触发器的类型。

DML 触发器有 AFTER 触发器和 INSTEAD OF 触发器两种。

① AFTER 触发器,该触发器的执行顺序是,先执行 INSERT、UPDATE、DELETE 语句,然后再执行触发器语句。

② INSTEAD OF 触发器,可翻译为替代触发器,如果 INSERT、UPDATE、DELETE 语句定义了 INSTEAD OF 触发器,当执行 INSERT、UPDATE、DELETE 语句时,真正被执行的是触发器语句,而非执行增、改、删。这类触发器在保护数据表方面有一定的作用。

(2) Inserted 表和 Deleted 表。

Inserted 表和 Deleted 表只在 DML 触发器中可用,在 DML 触发器之外不可用,都是逻辑表而非实际表,用户可以访问,不可修改。

① Inserted 表,存放更新前的数据,执行 INSERT 语句时,Inserted 表中存放的是将要插入的数据;执行 UPDATE 语句时,Inserted 表中存放的是更新后的数据。

② Deleted 表,执行 DELETE 语句时,Deleted 表中存放的是被删除的数据;执行 UPDATE 语句时,Deleted 表中存放的是更新前的数据。

因此,INSERT 语句将要插入的数据存放在 Inserted 表中,Deleted 表未使用;DELETE 语句将被删除的数据存放在 Deleted 表中,没有使用 Inserted 表;只有当

UPDATE 语句要同时使用两张表时，Inserted 表存放更新后的数据，Deleted 表中存放更新前的数据。

（3）创建触发器。

和创建存储过程一样，使用图形化方式创建触发器也要输入大量的命令，因此仅介绍使用命令方式创建触发器的方法。

① 创建 DML 触发器的语法格式如下：

```
CREATE TRIGGER 触发器名称
ON {表|视图}
{FOR|AFTER|INSTEAD OF}{[INSERT] [,] [UPDATE] [,] [DELETE]}
AS
SQL 语句
```

其中，FOR 与 AFTER 关键字都表示 AFTER 类型的触发器，都是先执行 DML 语句再触发触发器。

② AFTER 触发器应用举例。

```
CREATE TRIGGER tr_reader1 ON readers FOR INSERT
AS
SELECT '添加了一名读者'
```

功能说明：创建触发器 tr_reader1，当在 readers 表中执行 INSERT 语句添加记录时会触发 tr_reader1 触发器，触发器语句是在结果框中输出"添加了一名读者"信息。当执行 INSERT 命令成功添加学生记录后，触发器执行结果如图 3-58 所示。

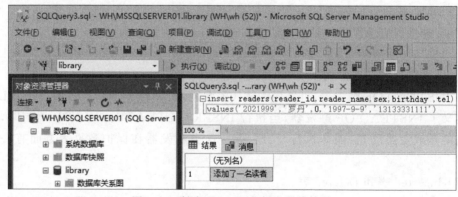

图 3-58　触发 tr_reader1 触发器的结果

```
CREATE TRIGGER tr_reader2 ON readers FOR INSERT
AS
DECLARE @reader_name varchar(20)
SELECT @reader_name=reader_name FROM inserted
if len(@reader_name)<=1
BEGIN
    SELECT '你输入的名字只有一个字'
```

```
    ROLLBACK TRANSACTION
END
```

功能说明：为 readers 表的 INSERT 语句创建触发器 tr_reader2，若输入的 reader_name 字段长度小于或等于 1，输出信息"你输入的名字只有一个字"同时回滚事务，回滚事务会取消 INSERT 操作。执行语句"insert readers(reader_id,reader_name,sex,birthday,tel) values('2021998','罗',0,'1997-9-9','13133331112')"，记录将不会被添加到 readers 表，并出现如图 3-59 所示的提示，因为 readers 表的 INSERT 操作已经创建了两个触发器，都会触发。

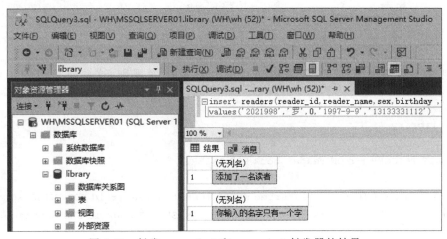

图 3-59　触发 tr_reader1 和 tr_reader2 触发器的结果

思考：语句"INSERT readers(reader_id,reader_name,sex) VALUES('2021997','张三',1)"会触发几个触发器？执行后结果框的提示的是什么？使用图形化方式为 readers 表添加一条 reader_name 长度小于或等于 1 的记录能否成功？

```
CREATE TRIGGER tr_reader3 ON readers FOR UPDATE
AS
if UPDATE(reader_id)
BEGIN
    SELECT '不允许修改学号'
    ROLLBACK TRANSACTION
END
```

功能说明：为 readers 表的 UPDATE 语句创建触发器 tr_reader3，当 UPDATE 语句修改 reader_id 字段时，提示"不允许修改学号"并回滚事务，添加该触发器后，reader_id 字段将不能被修改。执行语句"UPDATE readers SET reader_id='2021101' WHERE reader_id='2021001'"，修改将被拒绝，并出现如图 3-60 所示的输出信息。

思考：语句"UPDATE readers SET reader_name='李四' WHERE reader_id='2021001'"会不会触发 tr_reader3 触发器？

③ 使用 AFTER 触发器实现数据表的部分参照完整性。

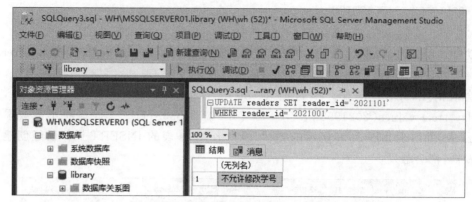

图 3-60　触发 tr_reader3 触发器的结果

参照完整性有基本规则、级联更新规则和级联删除规则,这些也可以使用触发器实现。

```
USE library
GO
CREATE TRIGGER r_b ON reader_book FOR INSERT
AS
if exists(SELECT * FROM inserted WHERE inserted.reader_id NOT IN(SELECT reader_id FROM readers) or inserted.book_id NOT IN(SELECT book_id FROM books) )
BEGIN
ROLLBACK TRANSACTION
END
```

功能说明:在 reader_book 表中执行 INSERT 语句时会触发 r_b 触发器,判断当前要插入的记录的 reader_id 和 book_id 值在 readers 表和 books 表中是否存在,如果不存在,则回滚事务。该触发器实现了 readers、reader_book、books 三张表间的基本参照完整性规则。

```
USE library
GO
CREATE TRIGGER tr_reader4 ON readers FOR DELETE
AS
DELETE reader_book WHERE reader_id= (SELECT reader_id FROM deleted)
```

功能说明:当在 readers 表中执行 DELETE 语句成功后,相应地删除 reader_book 表中 reader_id 相同的记录。该触发器实现了 readers 表和 reader_book 表间的级联删除规则。

提示:上面程序中 AS 关键字后的条件为"WHERE reader_id=(SELECT reader_id FROM deleted)",用=作运算符时,若子查询的结果有多个会造成触发器语句错误,例如,当执行"DELETE readers WHERE sex=1"语句时,Deleted 表中保存的记录多于 1 条,触发器语句就会出错,可将=改为 IN 关键字,可避免此类错误。

课后练习:创建触发器实现 books 表和 reader_book 表、booktype 表和 books 表间的级联删除规则。

```
USE library
GO
CREATE TRIGGER tr_reader5 ON readers FOR UPDATE
AS
if UPDATE(reader_id)
UPDATE reader_book SET reader_id=(SELECT reader_id FROM inserted) WHERE reader_
id=(SELECT reader_id FROM deleted)
```

功能说明：当修改 readers 表的 reader_id 字段成功后，将 reader_book 表的 reader_id 字段也对应修改，注意此时 Inserted 和 Deleted 两张表的使用。该触发器实现了 readers 表和 reader_book 表间的级联更新规则。

同样，将语句"UPDATE reader_book SET reader_id=(SELECT reader_id FROM inserted) WHERE reader_id=(SELECT reader_id FROM deleted)"中的 WHERE 条件改成"WHERE reader_id IN(SELECT reader_id FROM deleted)"，可避免一次修改多个 reader_id 造成的触发器语句错误。由于 reader_id 字段是 readers 表的主键，不允许重复，这种情况不会出现，对于其他数据修改应注意此类错误。

课后练习：创建触发器实现 books 表和 reader_book 表、booktype 表和 books 表间的级联更新规则。

④ 创建 INSTEAD OF 触发器。

```
USE library
GO
CREATE TRIGGER tr_booktype1 ON booktype INSTEAD OF INSERT
AS
SELECT '你添加了一条记录到 booktype 表'
```

功能说明：创建基于 booktype 表 INSERT 语句的替代触发器 tr_booktype1，触发后输出提示信息"你添加了一条记录到 booktype 表"。

当执行命令"INSERT booktype(type_id,type_name) VALUES('98','其他')"时，在结果框中输出如图 3-61 所示的提示信息。

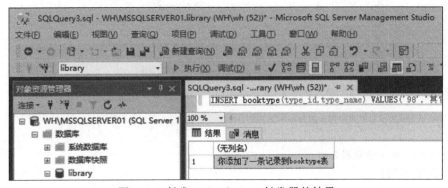

图 3-61 触发 tr_booktype1 触发器的结果

思考：上述 INSERT 语句在 booktype 表添加记录能否成功？booktype 表建立了该触发器后能否再使用 INSERT 语句添加记录？命令添加不了，使用图形化方式添加能否成功？

⑤ 管理触发器。

前面创建的触发器全部是基于数据表的，因此要查看此类触发器要展开相应的表，在表节点下再展开"触发器"，就可以查看到当前数据表的触发器。如图 3-62 所示为 readers 表中的触发器。

可以修改已建触发器，选中要修改的触发器，右击，在快捷菜单中选择"修改"命令，如图 3-63 所示，修改触发器会打开命令窗口修改触发器命令进行修改。除了修改触发器，利用快捷菜单中还可以执行"新建触发器""禁用""删除"等命令，禁用触发器是指让触发器暂时失效，禁止后的触发器可以再次启用生效。

图 3-62　查看 readers 表中的触发器

图 3-63　修改触发器

修改触发器的语法格式如下：

```
ALTER TRIGGER 触发器名称
ON {表名|视图}
{FOR|AFTER|INSTEAD OF}{[INSERT] [,] [UPDATE] [,] [DELETE]}
AS
SQL 语句
```

修改触发器时可以更改触发器类型、触发语句和 T-SQL 语句,不能更改触发器名和触发器所属表和视图。

删除触发器的语法格式如下:

DROP TRIGGER 触发器名称 1[,触发器名称 2,...]

例如:

DROP TRIGGER tr_reader1,tr_reader2,tr_reader3

3. 创建 DDL 触发器

当执行数据定义语句(CREATE、ALTER、DROP)时才触发 DDL 触发器。DDL 触发器只有 AFTER 类型,没有 INSTEAD OF 类型。

(1) 创建 DDL 触发器的语法格式如下:

```
CREATE TRIGGER 触发器名
ON {All Server|DATABASE}{FOR|AFTER}{DDL 触发语句}
AS
SQL 语句
```

其中,ON 关键字后的关键字若是 DATABASE,表示数据库级触发器,即触发器作用到当前数据库,在该数据库执行 DDL 触发语句时将触发该触发器;若关键字为 ALL SERVER,表示服务器级触发器,即触发器作用到当前服务器,因此服务器上任何一个数据库执行 DDL 语句都能激活该触发器。

常用的 DDL 触发语句如表 3-7 所示。

表 3-7 常用的 DDL 触发语句

触发语句	说明	适用级别
CREATE_TABLE	创建表	DATABASE 和 ALL SERVER 级别
ALTER_TABLE	修改表	
DROP_TABLE	删除表	
CREATE_PROCEDURE	创建存储过程	
ALTER_PROCEDURE	修改存储过程	
DROP_PROCEDURE	删除存储过程	
CREATE_TRIGGER	创建触发器	
ALTER_TRIGGER	修改触发器	
DROP_TRIGGER	删除触发器	
CREATE_FUNCTION	创建函数	
ALTER_FUNCTION	修改函数	
DROP_FUNCTION	删除函数	

续表

触发语句	说　　明	适用级别
CREATE_DATABASE	创建数据库	仅 ALL SERVER 级别
ALTER_DATABASE	修改数据库	
DROP_DATABASE	删除数据库	
CREATE_LOGIN	创建登录名	
ALTER_LOGIN	修改登录名	
DROP_LOGIN	删除登录名	

(2) DDL 触发器应用举例。

```
USE library
GO
CREATE TRIGGER tr1 ON DATABASE
FOR DROP_TABLE
AS
    PRINT '对不起,您不能对数据表进行操作'
    ROLLBACK
```

功能说明：为 library 数据库创建触发器，当遇到 DROP_TABLE 的 DDL 语句时触发该触发器，输出信息并回滚事务。如在 library 数据库中执行 DROP TABLE admin 语句，会输出如图 3-64 所示的信息，该触发器会使得用户不能在数据库中删除表。

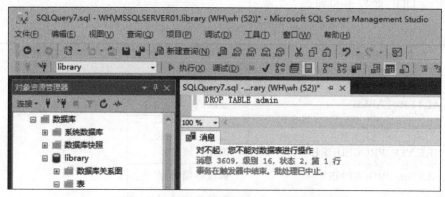

图 3-64　触发数据库触发器 tr1 的结果

```
USE library
GO
CREATE TRIGGER tr2 ON DATABASE
FOR CREATE_TABLE, ALTER_TABLE
AS
    PRINT '对不起,您不能对数据表进行操作'
    ROLLBACK
```

功能说明：该触发器可以保证在数据库 library 中不能创建和修改数据表。

```
CREATE TRIGGER tr_s1
ON ALL SERVER
FOR CREATE_TABLE,ALTER_TABLE
AS
    PRINT '对不起,您不能在该服务器上创建表和修改表'
    ROLLBACK
```

功能说明：该触发器创建成功后,在当前服务器上任意数据库中都不能创建表和修改表。

```
CREATE TRIGGER tr_s2
ON ALL SERVER
FOR CREATE_DATABASE
AS
    PRINT '对不起,您不能在该服务器上创建数据库'
    ROLLBACK
```

功能说明：该触发器不允许用户在该服务器上创建数据库。

(3) 查看 DDL 触发器。

① 查看数据库级触发器。

依次展开数据库的"可编程性"选项中的"数据库触发器",即可查看到当前数据库中的 DDL 触发器,DML 触发器是依附于表的。如图 3-65 所示为 library 数据库中的触发器。

在查看到触发器后,可以选中触发器对象,右击,在快捷菜单中选择"删除"命令即可删除触发器。

② 查看服务器级触发器。

服务器级的触发器存储在当前服务器的"服务器对象"文件夹的"触发器"子文件夹中,如图 3-66 所示。

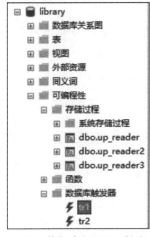

图 3-65 数据库级 DDL 触发器

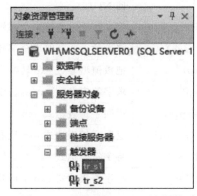

图 3-66 服务器级 DDL 触发器

同样,选中触发器,右击,在快捷菜单中选择"删除"命令即可删除触发器。

(4) 修改 DDL 触发器。

与修改 DML 触发器的语法格式相同,修改时不能改动触发器所属级别。代码如下:

```
USE library
GO
ALTER TRIGGER tr1 ON DATABASE AFTER CREATE_TABLE
AS
ROLLBACK
```

(5) 删除 DDL 触发器。

删除 DDL 触发器的语法格式与删除 DML 触发器的语法格式相同,代码如下:

```
DROP TRIGGER 触发器名
```

3.7.5 函数设计

1. 系统函数

SQL Server 提供了大量的系统函数,用于进行特殊的运算和操作。函数由函数名、参数、圆括号三部分组成,形式如下:

函数名(参数 1,参数 2…)

(1) 常用字符串函数。

SQL Server 中常用的字符串函数如表 3-8 所示。

表 3-8 常用的字符串函数

函 数	说 明
ASCII(exp)	返回字符表达式 exp 最左端字符的 ASCII 码值,纯数字参数可不用单引号界定,否则必须用单引号界定,不界定出错
char(exp)	表达式 exp 为 ASCII 码,返回 exp 对应的字符,exp 范围为 0~255,越界返回 NULL
LOWER(exp)	将参数 exp 字符串全部转为小写
UPPER(exp)	将参数 exp 字符串全部转为大写
STR(exp)	把数值型参数 exp 转换为字符型数据
LEN(exp)	求字符串参数 exp 的长度
LEFT(exp,n)	返回字符表达式 exp 从左开始的 n 个字符
RIGHT(exp,n)	返回字符表达式 exp 从右开始的 n 个字符
UPPER(exp)	将字符表达式 exp 全部转为大写字符
LOWER(exp)	将字符表达式 exp 全部转为小写字符
SUBSTRING(exp,n1,n2)	返回字符表达式 exp 中从 n1 位开始长度为 n2 的子串

续表

函　数	说　明
LTRIM(exp)	去掉字符表达式 exp 左边的空格
RTRIM(exp)	去掉字符表达式 exp 右边的空格
SPACE(n)	产生 n 个空格
REVERSE(exp)	将字符表达式 exp 逆序
STUFF(exp1,n1, n2,exp2)	从字符串表达式 exp1 中的 n1 处开始,删除长度为 n2 的子串,并在 n1 位置处插入字符表达式 exp2
REPLACE（exp1, exp2,exp3)	将字符表达式 exp1 中的所有 exp2 子串用 exp3 替换 如：replace('abcab','ab','1')的结果为'1c1'

（2）常用的日期和时间函数。

SQL Server 中常用的日期和时间函数如表 3-9 所示。

表 3-9　常用的日期和时间函数

函　数	说　明
DATEADD(p,n,d)	给日期 d 的 p 部分加上整数 n,其中 p 参数的值较多 如：DATEADD (Day,30,'2013-1-2')的结果为 2013-02-01 　　DATEADD (Month,10,'2013-1-2')的结果为 2013-11-02 　　DATEADD (YEAR,10,'2013-1-2')的结果为 2023-01-02
DATENAME(p,d)	返回日期 d 的 p 部分的值,参数 p 的取值与 DATEADD()中相同,返回值为字符串类型 如：DATENAME(Day,'2013-1-2')的结果为 2 　　DATENAME(WEEKDAY ,'2013-1-2')的结果为星期三 　　DATENAME(WEEK ,'2013-1-20')的结果为 4
DATEPART (p ,d)	返回日期 d 的 p 部分的值,参数 p 的取值与 DATEADD()中相同,返回值为整数 如：DATEPART(WEEKDAY,'2013-1-2')的结果为 4 　　DATEPART(WEEK,'2013-1-20')的结果为 4,表示 1 月的第 4 周 　　DATEPART(MONTH,'2013-1-20')的结果为 1
DATEDIFF (p, d1, d2)	返回日期 d2 和 d1 之间的差值,并转换为 p 的形式 如：DATEDIFF(day,'2013-4-18','2011-4-26')的结果为-723,表示两个日期之间相差 723 天 　　DATEDIFF(MONTH,'2013-4-18','2011-4-26')的结果为-24,表示两个日期之间相差 24 个月 　　DATEDIFF(week,'2011-4-26','2013-4-18')的结果为 103,表示两个日期之间相差 103 个星期
GETDATE()	返回系统的当前日期和时间
DAY(d)	返回日期 d 的天数部分,结果为整数
MONTH(d)	返回日期 d 的月数部分,结果为整数
YEAR(d)	返回日期 d 的年份部分,结果为整数

(3) 常用的数学函数。

SQL Server 中常用的数学函数如表 3-10 所示。

表 3-10 常用的数学函数

函　　数	说　　明
ABS(exp)	返回表达式 exp 的绝对值
CEILING(exp)	返回大于或等于表达式 exp 值的最小整数
FLOOR(exp)	返回小于或等于表达式 exp 值的最大整数
PI()	返回 π 的值
POWER(exp,n)	返回表达式 exp 的 n 次幂
RAND()	返回 0～1 的随机数
ROUND(exp,n)	返回表达式 exp 四舍五入到 n 位的结果 如：ROUND(12.135689,-1)的结果为 10，表示四舍五入到十位 　　ROUND(12.135689,0)的结果为 12，表示四舍五入到个位 　　ROUND(12.135689,2)的结果为 12.14，表示四舍五入到百分位

除了上面列出的几类常用的数字函数，SQL Server 提供的函数种类和数量都特别多，具体可参见数据库"可编程性"文件夹"函数"子文件夹中的"系统函数"文件夹，如图 3-67 所示。若系统函数满足不了用户的需求，可以自定义函数完成功能。

2. 用户自定义函数

(1) 创建只有一个返回值的函数。

① 创建函数。

只有一个返回值的函数称为标量函数，创建函数的语法格式如下：

```
CREATE FUNCTION 函数名([参数 1 数据类型=默认值
[,参数 2 数据类型...]])
RETURNS 返回值数据类型
BEGIN
函数内容
RETURN 表达式
END
```

② 应用举例。

```
CREATE FUNCTION getreader_name(@dzh char(7))
RETURN Svarchar(20)
BEGIN
    DECLARE @xmvarchar(20)
    SELECT @xm=reader_name FROM readers WHERE
    reader_id=@dzh
```

图 3-67 数据库系统函数

```
    RETURN @xm
END
```

功能说明：创建有一个参数的函数 getreader_name()，返回 readers 表中 reader_id 值与参数值对应记录的 reader_name，返回值的类型为 varchar(20)。

```
CREATE FUNCTION age(@dzh char(7)='2021001')
RETURNS INT
BEGIN
  DECLARE @age INT
  SELECT @age=YEAR(getdate())-YEAR(birthday) FROM readers WHERE reader_id=@dzh
  RETURN @age
END
```

功能说明：创建有一个参数且参数默认值为 2021001 的函数 age()，返回 readers 表中 reader_id 值与参数值对应记录的年龄，即根据参数计算年龄。

③ 函数调用。

调用自定义函数的语法格式如下：

DBO.函数名(参数)

例如：

SELECT DBO.getreader_name('2021001')

语句执行结果如图 3-68 所示。

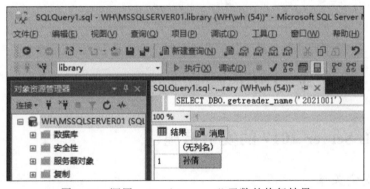

图 3-68　调用 getreader_name() 函数的执行结果

(2) 创建返回值为表的函数。

① 创建函数。

函数返回值为表的函数也称为表值函数，创建函数的语法格式如下：

```
CREATE FUNCTION 函数名([参数1 数据类型=默认值[,参数2 数据类型...]])
RETURNS TABLE
[AS]
RETURN (SELECT 语句)
```

② 应用举例。

```
CREATE FUNCTION getbook(@dzh char(7))
RETURNS TABLE
RETURN (SELECT book_name,btime FROM books,reader_book WHERE books.book_id=
reader_book.book_id AND reader_id=@dzh)
```

功能说明：返回 reader_id 值与参数相同的读者所借图书的 book_name 和 btime 信息。

③ 函数调用。

```
SELECT * FROM dbo.getbook('2021001')
```

函数的调用语句与标量函数调用方式不同，执行结果如图 3-69 所示。

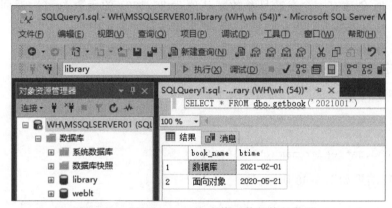

图 3-69　调用 getbook() 表值函数的执行结果

任务 3-8　配置数据库安全性

3.8.1　SQL Server 2017 的安全措施

1. 3 道安全关卡

第 1 关，用户必须登录到 SQL Server 的服务器实例。要登录到服务器实例，用户首先要有一个登录账户，即登录名。

第 2 关，在要访问的数据库中，登录名要有对应的用户账号。

第 3 关，数据库用户账号要具有访问相应数据库对象的权限。

2. 2 种安全验证机制

Windows 验证机制和 SQL Server 验证机制。

3. 2 种身份验证模式

仅 Windows 身份验证模式和混合验证模式。

3.8.2 服务器级安全性

1. 设置服务器身份验证模式

服务器的身份认证模式有 Windows 身份验证和混合身份验证两种,可以在安装时设置服务器的身份验证模式,也可以在安装后更改。

使用具有更改服务器身份验证模式权限的用户或超级用户身份登录数据库引擎服务器,选中服务器图标,右击,在快捷菜单中选择"属性"命令,弹出"服务器属性"-WH\MSSQLSERVER01"窗口,选择"安全性"选项卡,如图 3-70 所示,可以设置不同的身份验证模式。

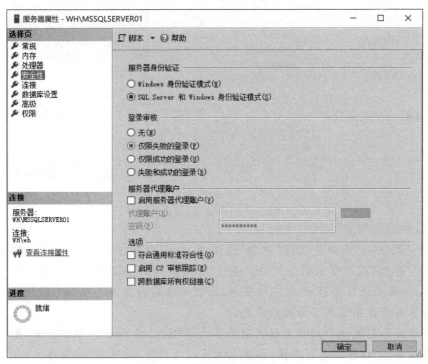

图 3-70　设置身份验证模式

2. 系统管理员登录账户 sa

sa(system administrator 的缩写)是 SQL Server 系统预定义的、权限最高的 SQL Server 身份验证的服务器账户,该账户无法被删除,在数据库中与 dbo 用户关联。

(1) 修改 sa 账户的密码。

在"对象资源管理器"中,选中"安全性"文件夹"登录名"子文件夹中的 sa,右击,在快捷菜单中选择"属性"命令,打开"登录属性-sa"窗口,选择"常规"选项卡,sa 的密码用掩码显示,且掩码长度与实际密码长度不一致(任务 1-2 中安装 SQL Server 2017 时输入的密码为 6 位),这种方式可以保护密码的长度。在"密码"和"确认密码"文本框中重新输入密码,确定后即可修改 sa 的密码,如图 3-71 所示。

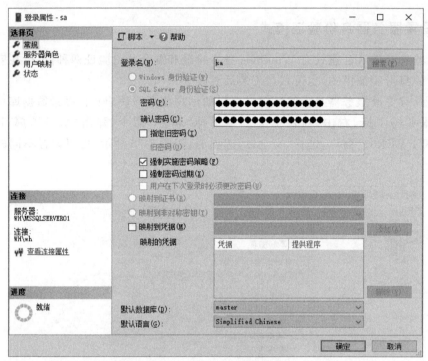

图 3-71 "登录属性-sa"窗口

(2)sa 的启用与禁用、允许与拒绝。

在"登录属性-sa"窗口中选择"状态"选项卡,可以查看并设置 sa 连接数据库引擎是"授予"还是"拒绝"以及登录名是"启用"还是"禁用",如图 3-72 所示。

提示:如果登录服务器时 sa 不能登录,可能的原因和解决途径如下。

① 查看当前服务器是否为启动状态。

② 查看服务器属性中的安全性选项是否选择"SQL Server 和 Windows 身份验证"。

③ 再检查 sa 的密码是否有误,如果未设置或忘记密码,可在"登录属性-sa"窗口中修改密码,同时保证 sa 的状态为"授予"和"启用"。

3. 创建登录账户

(1)创建基于 Windows 身份验证的登录账户。

选中当前服务器"安全性"文件夹的"登录名"子文件夹,右击,在快捷菜单中选择"新建登录名"命令,如图 3-73 所示。

在"登录名-新建"窗口中的"常规"选项卡下选中"Windows 身份验证"单选按钮,如

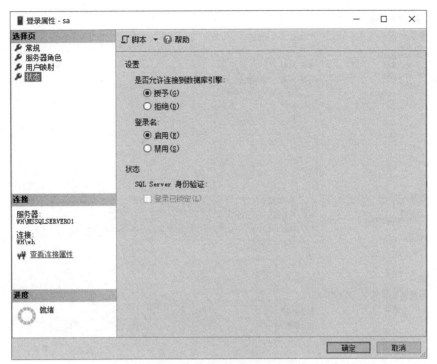

图 3-72 "状态"选项卡

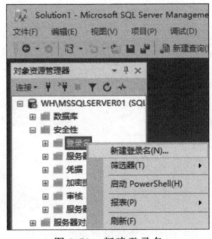

图 3-73 新建登录名

图 3-74 所示。

在图 3-74 所示界面中单击"搜索"按钮,弹出如图 3-75 所示的"选择用户或组"对话框。

在"选择用户或组"对话框中单击"高级"按钮,弹出如图 3-76 所示的对话框,在对话框中单击"立即查找"按钮,将当前系统中的用户显示在下方的列表框中,可选择列表框中任一未使用的用户名。

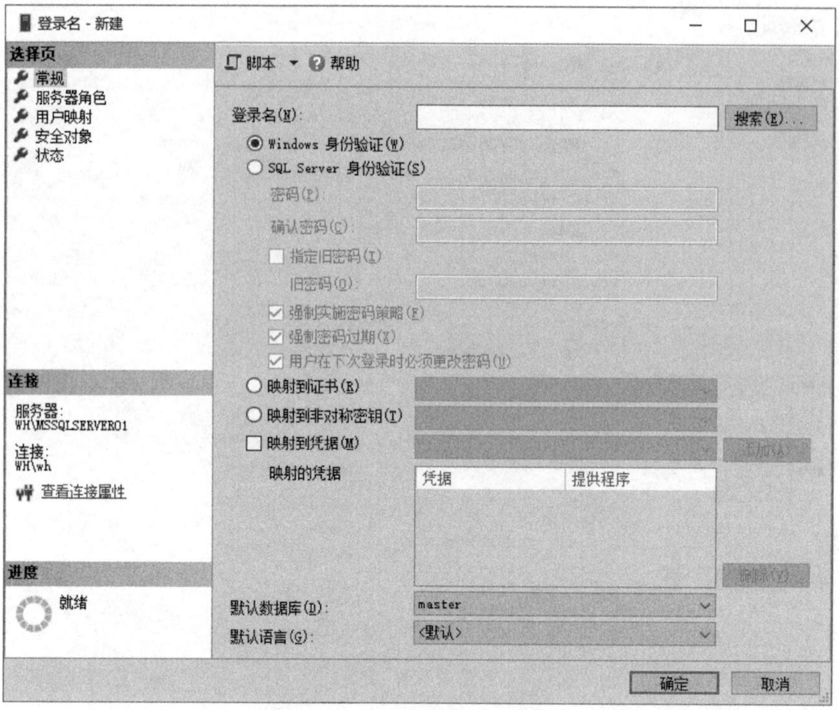

图 3-74 选择身份验证模式

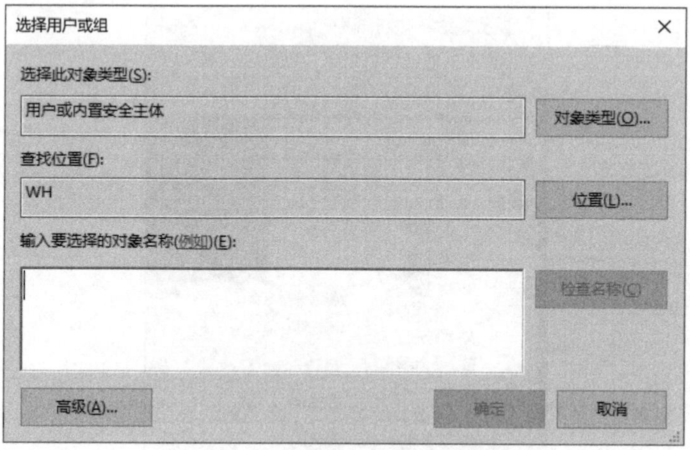

图 3-75 "选择用户或组"对话框

选中图 3-76 中的 Administrator,单击"确定"按钮后弹出如图 3-77 所示的对话框,依次确定后即可成功创建基于"Windows 身份验证"机制的登录账户。

(2) 创建基于"SQL Server 身份验证"机制的登录账户。

在"登录名-新建"对话框中选中"SQL Server 身份验证"单选按钮,输入用户名 user 和对应密码 123456,单击"确定"按钮即可创建基于"SQL Server 身份验证"机制的登录账户,如图 3-78 所示。

图 3-76 查找并选择用户

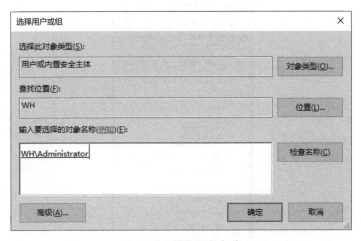

图 3-77 所选用户名称

4. 服务器角色

（1）常用服务器角色及其功能。

展开当前服务器"安全性"文件夹中的"服务器角色"文件夹，可以看到当前服务器中

图 3-78　基于"SQL Server 身份验证"机制的登录账户

的各种角色,如图 3-79 所示。

图 3-79　服务器角色

"角色"一词引自戏曲(每个角色都有自己的特点,对应到数据库中为不同的操作权限),public 角色是每个账户都必须具备的(可以为 public 角色赋予权限,让所有账户具备统一功能),默认情况下 public 角色不具备访问用户数据库的权限。服务器各角色及其功能如表 3-11 所示。

表 3-11　服务器各角色及其功能

角　　色	功　　能
bulkadmin	可以执行 bulk insert 大容量数据插入操作
dbcreator	可以执行创建、修改、删除和还原数据库操作
diskadmin	可以管理磁盘文件
processadmin	可以管理运行在 SQL Server 中的进程
securityadmin	可以管理服务器的登录名及其属性
serveradmin	可配置服务器范围的设置
setupadmin	可以管理扩展的存储过程
sysadmin	可以执行 SQL Server 安装中的任何操作
public	初始时没有权限,因所有登录名都是该角色的成员,可以为该角色赋予权限而统一设置所有用户

(2) 为服务器账户设置服务器角色。

在"对象资源管理器"当前服务器中,选中"安全性"文件夹的"登录名"子文件夹中的登录名,右击,在快捷菜单中选择"属性"命令,如图 3-80 所示。

图 3-80　选择用户属性

在弹出的"登录属性-WH\Administrator"窗口中选择"服务器角色"选项卡,勾选

sysadmin 角色前的复选框,如图 3-81 所示。

图 3-81 设置服务器角色

为账户设置 sysadmin 角色后,该账户就具备和 sa 用户同等的权限,可执行安装的所有操作。

3.8.3 数据库级安全性

1. 创建数据库用户

(1) 创建基于"Windows 身份验证"机制的数据库用户。

前面创建的基于"Windows 身份验证"机制的登录账户已设置服务器角色 sysadmin,因此该登录账户已默认具备了操作所有系统数据库和用户数据库的权限。此外,也可以通过在数据库中创建用户的方式重新配置登录账户的操作权限。

选中 library 数据库"安全性"文件夹的"用户"子文件夹,右击,在快捷菜单中选择"新建用户"命令,如图 3-82 所示。

在"数据库用户-新建"窗口中输入用户名 yh,如图 3-83 所示。

可以直接输入基于"Windows 身份验证"机制的

图 3-82 新建数据库用户

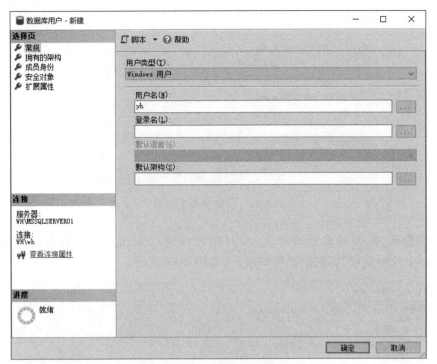

图 3-83 输入数据库用户名

登录账户名,如 Administrator,也可以单击图 3-83 中登录名后的…按钮,弹出"选择登录名"对话框,如图 3-84 所示。

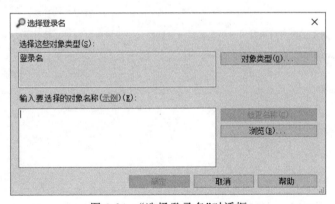

图 3-84 "选择登录名"对话框

单击"选择登录名"对话框中的"浏览"按钮,在弹出的"查找对象"对话框中勾选前面建立的 Administrator 登录名前的复选框,如图 3-85 所示。

依次确认后,即可在数据库中创建基于登录名账户的数据库用户,此时可以通过配置数据库用户的架构和数据库角色来管理登录账户的操作权限。

(2) 创建基于"SQL Server 身份验证"机制的数据库用户。

在"数据库用户-新建"窗口中输入用户名 yh1,直接输入前面建立的基于"SQL

图 3-85 选择登录名对象

Server 身份验证"机制的登录账户名 user(也可以通过按钮选择),确定后可创建基于"SQL Server 身份验证"机制的数据库用户,如图 3-86 所示。

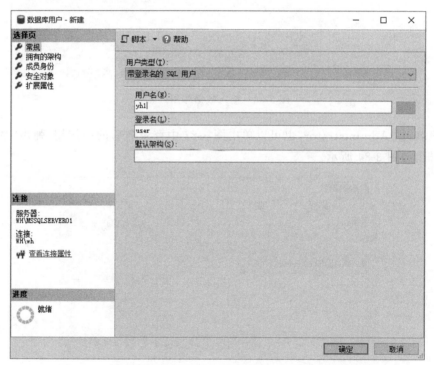

图 3-86 创建基于"SQL Server 身份验证"机制的数据库用户

2. 数据库角色

(1) 固定数据库角色。

在 library 数据库的"安全性"文件夹"角色"子文件的"数据库角色"中可以看到当前数据库的数据库角色,也叫作固定数据库角色,如图 3-87 所示。

固定数据库角色名及其功能说明如表 3-12 所示。

图 3-87 固定数据库角色

表 3-12 固定数据库角色名及其功能说明

角 色 名	功 能 说 明
db_accessadmin	可以向数据库添加或删除用户
db_backupoperator	可以执行数据库备份
db_datareader	可以读取所有数据表中的全部数据
db_datawriter	可以向所有表写入数据库
db_ddladimin	可以执行 DDL 命令,即可以执行 CREATE、ALTER、DROP 命令来创建、修改和删除数据库对象
db_denydatareader	不允许查看数据库中的数据,但允许通过存储过程查看
db_denydatawriter	不允许更改数据库中的数据,可以通过存储过程来修改
db_owner	拥有执行数据库中所有操作的权限
db_securityadmin	可以管理数据库的安全性
public	与服务器角色中的 public 相似

(2) 自定义数据库角色。

自定义数据库角色是由用户自己创建、用于执行特定操作的数据库角色。选中 library 数据库"安全性"文件夹"角色"子文件夹中的"数据库角色",右击,在快捷菜单中选择"新建数据库角色"命令,在弹出的"数据库角色-新建"窗口的"常规"选项卡的"数据库角色名称"文本框中输入角色名 reader_insert,然后选择"安全对象"选项卡,如图 3-88

所示。

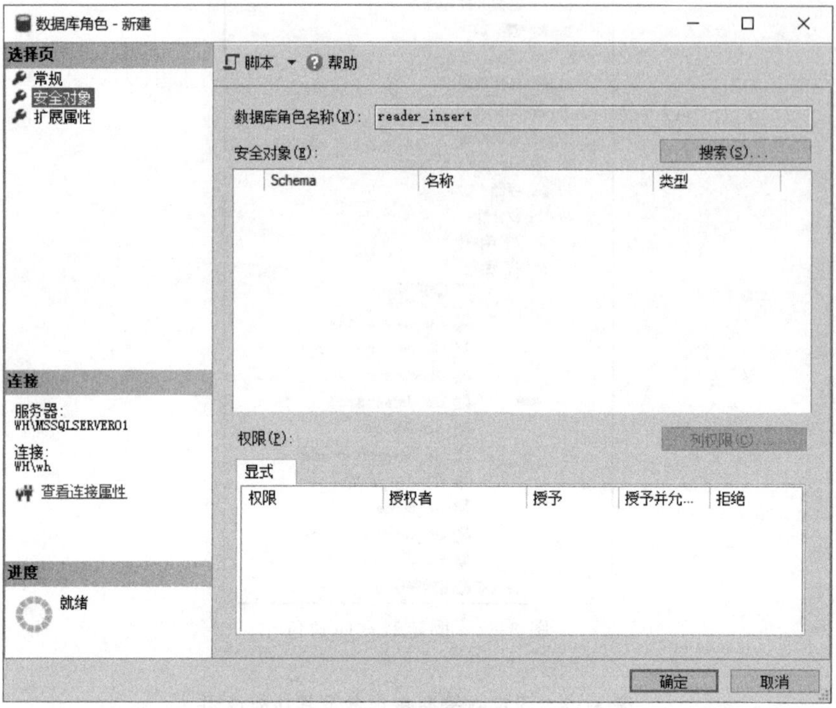

图 3-88 "安全对象"选项卡

在"安全对象"选项卡中单击"搜索"按钮,弹出"添加对象"对话框,选中"特定对象"单选按钮,如图 3-89 所示。

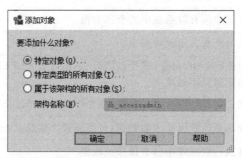

图 3-89 "添加对象"对话框

在"添加对象"对话框中单击"确定"按钮,弹出"选择对象"对话框,如图 3-90 所示。

在"选择对象"对话框中单击"对象类型"按钮,在弹出的"选择对象类型"对话框中勾选"表"复选框,如图 3-91 所示。

单击"确定"按钮后,返回"选择对象"对话框,在对话框中单击"浏览"按钮,在弹出的"查找对象"对话框中选择 readers 表,如图 3-92 所示。

单击"确定"按钮后返回"选择对象"对话框,如图 3-93 所示。

单击"确定"按钮后返回"数据库角色-新建"窗口,在窗口的"dbo.readers 的权限"项

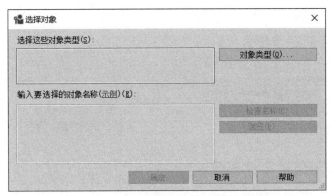

图 3-90 "选择对象"对话框

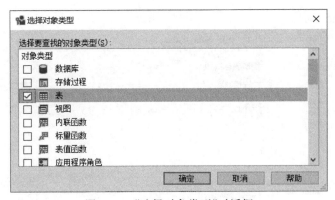

图 3-91 "选择对象类型"对话框

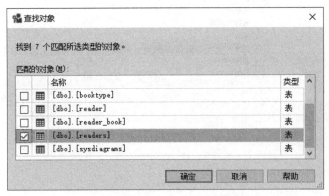

图 3-92 "查找对象"对话框

下勾选授予"插入""更改""更新"前的复选框,如图 3-94 所示。"插入"权限表示该角色可以在 readers 表中插入记录;"更改"权限表示可以更改 readers 表的结构;若选择"更新"权限,则可以更新 readers 表的记录。

单击"确定"按钮后,创建 reader_insert 角色,用户自定义角色也可以像固定数据库角色一样赋予数据库用户。

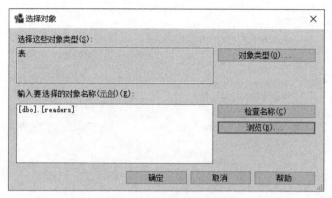

图 3-93 "选择对象"对话框

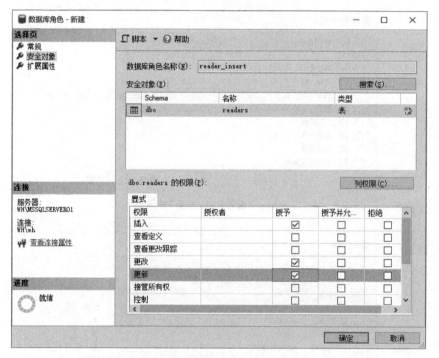

图 3-94 设置新建角色的权限

3.8.4 权限

权限是数据库安全管理最细致的一项,常用的权限如表 3-13 所示。

表 3-13 常用的权限

安全对象	权 限
数据库	CREATE DATABASE、CREATE DEFAULT、CREATE FUNCTION、CREATE PROCEDURE、CREATE VIEW、CREATE TABLE、CREATE RULE、BACKUP DATABASE、BACKUP LOG

续表

安全对象	权　　限
表	SELECT、DELETE、INSERT、UPDATE、REFERENCE、ALTER TABLE
表值函数	SELECT、DELETE、INSERT、UPDATE、REFERENCE
视图	SELECT、DELETE、INSERT、UPDATE、REFERENCE、ALTER VIEW
存储过程	DELETE、EXECUTE

权限的主要操作有授予、具有授予和拒绝，这些操作本书不再讲解。

实训 5　数 据 查 询

【实训目的】

1. 能够在查询分析器中使用 SELECT 语句实现简单查询。
2. 通过对 SELECT 语句的使用，掌握 SELECT 语句的结构及其应用。
3. 能够使用查询选项实现数据排序、显示部分结果等查询任务。
4. 能够使用子查询和分组查询实现查询任务。
5. 能够使用连接查询、子查询、分组查询等方法查询数据。
6. 能够理解分组、统计、计算和组合的操作方法。

【实训要求】

1. 已学完任务 3-1。
2. 认真独立完成实训内容。
3. 根据实训情况填写实训报告。

【建议学时】

2 学时。

【实训内容】

1. 基于 EDUC 数据库中的 student、teacher、course、student_course 四张表执行下列基本查询，数据表结构和表数据参见实训 3，有的题目查询结果在表中没有数据支撑，可添加符合条件的数据。

(1) 查询 student 表中的所有信息。
(2) 查询 student 表中的学号、姓名、性别信息。
(3) 查询所有课程的编号、课程名、上课地点信息。
(4) 查询 course 表中的课程号、课程名、课时信息，并将列名显示为汉字。
(5) 查询课时大于 60 的课程信息。

(6) 查询李白老师所带课程的课程号和课程名。
(7) 查询女同学选课的信息。
(8) 查询孙倩同学的分数。
(9) 查询孙倩同学所选课程的课程号、课程名及课时信息。
(10) 查询选修李白老师课程的学生学号、姓名、性别信息。
(11) 查询没有选课学生的姓名、性别、出生日期信息。
(12) 查询没有被选修的课程信息。
(13) 查询分数比孙倩高的学生的学号、姓名、分数信息。
(14) 查询每个学生的学号和所选课程的数量。

2. 新建"工程零件"数据库,其中有 4 张表,表结构如表 3-14~3-17 所示。

表 3-14 供应商

列 名	类 型	长 度	说 明
供应商代码	char	4	主键
姓名	varchar	50	
所在城市	varchar	20	
联系电话	varchar	20	

表 3-15 工程

列 名	类 型	长 度	说 明
工程代码	char	3	主键
工程名	varchar	50	
负责人	varchar	10	
预算	varchar	8	

表 3-16 零件

列 名	类 型	长 度	说 明
零件代码	char	3	主键
零件名	varchar	50	
规格	varchar	10	
产地	varchar	20	
颜色	varchar	10	

表 3-17 供应零件

列 名	类 型	长 度	说 明
供应商代码	char	4	主键
工程代码	char	3	主键
零件代码	char	3	主键
数量	INT	4	

4 张数据表的记录如表 3-18~3-21 所示。

表 3-18 供应商

供应商代码	姓 名	所在城市	联系电话
S1	北京建设	北京	0108888888
S2	天津机电	天津	0228888888
S3	重庆建工	重庆	0238888888
S4	上海工商	上海	0218888888
S5	广州供应	广州	0208888888
S6	上海建设	上海	0216666666

表 3-19 工程

工程代码	工程名	负责人	预 算
J1	工程1	赵一	150000
J2	工程2	钱二	100000
J3	工程3	孙三	80000
J4	工程4	李四	80000
J5	工程5	周五	150000

表 3-20 零件

零件代码	零件名	规格	产地	颜色
P1	机箱	大	深圳	红色
P2	主板	集成	深圳	绿色
P3	显卡	独立	香港	蓝色
P4	声卡	集成	天津	红色
P5	网卡	100MB	上海	黑色
P6	鼠标	无线	上海	黑色

表 3-21 供应零件

供应商代码	工程代码	零件代码	数量
S1	J2	P4	50
S1	J3	P5	100
S2	J2	P6	500
S4	J1	P3	150
S4	J5	P1	200
S5	J4	P6	100
S6	J4	P2	90

查询内容如下：
(1) 查询上海供应商的代码和联系电话。
(2) 查询红色零件的产地、规格信息。
(3) 查询工程的工程代码、工程名、供应商代码、姓名、颜色、所在城市信息。
(4) 查询"赵二"负责的工程的名称、供应商的姓名、零件颜色和数量信息。
(5) 查询供应项目 J4 红色零件的供应商代码和名称。
(6) 查询没有使用上海供应商零件的工程代码。
(7) 查询供应商的代码及其供应的工程的数量。
(8) 查询工程的代码及供应商数量，只显示供应商数量多于 1 的工程的信息。

实训 6　T-SQL 程序设计

【实训目的】

1. 能够使用流控制语句完成简单程序的编写。
2. 能够使用系统函数。
3. 能够自定义简单的函数，并调用函数。

【实训要求】

1. 已学完任务 3-7。
2. 能够认真独立完成实训内容。
3. 根据实训情况填写实训报告。

【建议学时】

2 学时。

【实训内容】

1. 如果 student 表中有出生日期在 2000 年以后的学生,把该学生的学号、姓名和出生日期查询出来,否则输出"没有 2000 年以后出生的学生"(提示:使用分支流程语句 IF..ELSE)。

2. 如果 student 表中有名叫"李寻欢"的学生,就把他的名字修改为"李探花",并输出修改前后的学号、姓名、性别信息,否则输出"没有李寻欢,所以无法修改!"。

3. 查询 student 表,只要有年龄小于 20 岁的学生,就将每个学生的出生日期都加 1 个月,如此循环下去,直到所有的学生的年龄都不小于 20 岁(提示:使用流程控制语句 WHILE)。

4. 编写 T-SQL 程序,使用 WHILE 语句求 1 到 100 之间的累加和并输出。

5. 定义用户自定义的函数 cjzh,将成绩从百分制转换为五级记分制,在查询中使用 cjzh 函数,显示学生的学号、姓名、成绩和五级记分制的成绩。

6. 定义用户自定义的函数 tg,能够根据学号查询学生的成绩,如果学生有不及格的成绩,输出"有不及格的成绩",否则输出"没有不及格的成绩"。

实训 7　存储过程设计

【实训目的】

1. 能够使用简单的系统存储过程。
2. 能够创建和执行用户自定义存储过程。
3. 能够完成存储过程的修改、删除等管理任务。

【实训要求】

1. 已学完任务 3-7。
2. 能认真独立完成实训内容。
3. 根据实训情况完成实训报告。

【建议学时】

2 学时。

【实训内容】

1. 在 EDUC 数据库中创建存储过程 proc_1,显示 student 表中男生的基本信息,并调用此存储过程,显示执行结果。

2. 使用 sp_helptext 查看存储过程 proc_1 的文本。

3. 在 EDUC 数据库中创建存储过程 proc_2,显示男生选课的信息,并调用此存储过程,显示执行结果。

4. 在 EDUC 数据库中创建存储过程 proc_3,为 student 表添加一条记录,记录内容自己定义,并调用此存储过程,显示执行结果。

5. 在 EDUC 数据库中创建存储过程 proc_4,输入性别,输出该性别学生的选课情况列表,包括学号、姓名、课程号、课程名、成绩,并调用此存储过程,显示"女"学生的选课情况列表。

6. 在 EDUC 数据库中创建存储过程 proc_5,输入学号,显示该学号对应学生的姓名、性别、出生日期、所选课程名信息。

7. 修改存储过程 proc_1,改为显示 student 表中女生的基本信息。

8. 删除 EDUC 数据库中的存储过程 proc_1。

实训 8 触发器设计

【实训目的】

1. 能够理解触发器调用的机制。
2. 能够使用 T-SQL 命令创建 DML 触发器。
3. 能够完成触发器的修改、删除等管理任务。

【实训要求】

1. 已学完任务 3-7。
2. 能认真独立完成实训内容。
3. 根据实训情况填写实训报告。

【建议学时】

2 学时。

【实训内容】

本实训内容全部在 EDUC 数据库中完成。

1. 创建触发器 tr1,当修改 student 表记录时,显示"学生表被修改了"。
2. 创建触发器 tr2,当修改 student 表的姓名字段时,显示"姓名被修改了!"。
3. 创建触发器 tr3,当修改 student 表中某个学生的学号时,student_course 表中对应的学号也修改。
4. 修改触发器 tr1,当修改 student 表记录时,显示"学生表中 * 学生记录被修改了",* 部分显示学生的学号。
5. 创建触发器 tr4,当删除 student 表中某个学生的学号时,student_course 中的对应记录也删除。

6. 删除 student 表的触发器 tr1。

实训 9 安 全 管 理

【实训目的】

1. 能够设置服务器的安全验证机制。
2. 能够完成登录账户的新建、修改和删除等管理任务。
3. 能够完成数据库用户的新建、修改和删除等管理任务。
4. 能够完成权限的基本操作。

【实训要求】

1. 已学完任务 3-8。
2. 认真独立完成实训内容。
3. 根据实训情况填写实训报告。

【建议学时】

2 学时。

【实训内容】

1. 使用系统存储过程 sp_addlogin,创建登录账户 Login1,密码为 123,然后在 EDUC 数据库中创建用户 User1,使其对应的账号为 LoginA,实现此操作的 T-SQL 程序段如下:

```
sp_addlogin 'Login1','123' --创建登录账户 Login1,密码为 123
GO
USE EDUC  --打开 EDUC 数据库
EXEC sp_adduser 'Login1','User1'--使用系统存储过程 sp_adduser 在 EDUC 中创建基于
登录账户 Login1 的用户 User1
```

也可以使用系统存储过程 sp_grantdbaccess 创建基于登录账户 Login1 的用户 User1,语句如下:

```
sp_grantdbaccess 'login1','User1'
```

2. 在 EDUC 数据库中新建角色 Role1,并把用户 User1 加入这个角色中,实现此操作的 T-SQL 程序段如下:

```
USE EDUC
GO
EXEC sp_addrole 'Role1'--创建数据库角色 Role1
EXEC sp_addrolemember 'Role1','user1'--将用户 User1 加入角色 Role1 中
```

3. 将 EDUC 数据库中图书表的 SELECT 权限授予 Role1，实现此操作的 T-SQL 程序段如下：

```
USE EDUC
GO
grant SELECT ON 图书 TO Role1--将图书表的SELECT权限授予数据库角色Role1
```

4. 将 EDUC 数据库中图书表和读者表的 SELECT 权限授予 User1，EDUC 数据库中创建表的许可授予 User1，实现此操作的 T-SQL 程序段如下：

```
USE EDUC
GO
grant SELECT ON 图书 TO User1
grant SELECT ON 读者 TO User1
grant CREATE TABLE TO User1
```

5. 否决 User1 在读者表的 SELECT 权限，实现此操作的 T-SQL 程序段如下：

```
USE EDUC
GO
deny SELECT ON zy1 TO User1
```

6. 收回 User1 在图书表的 SELECT 权限，实现此操作的 T-SQL 程序段如下：

```
USE EDUC
GO
revoke SELECT ON 图书 TO User1
```

7. 从角色 Role1 中去除用户 User1，实现此操作的 T-SQL 程序段如下：

```
USE EDUC
GO
sp_droprolemember Role1,user1
```

8. 从数据库 EDUC 中删除用户 User1，实现此操作的 T-SQL 程序段如下：

```
sp_revokedbaccess 'User1'
```

9. 从 EDUC 数据库中删除角色 Role1，实现此操作的 T-SQL 程序段如下：

```
USE EDUC
GO
sp_droprole Role1
```

注意：在删除角色之前应先将该角色的成员删除，否则无法删除，由于在第(7)步中已经删除该角色的成员 User1，所以就可以直接删除该角色了。

10. 从 SQL Server 中删除登录账户 Login1，实现此操作的 T-SQL 程序段如下：

```
sp_droplogin login1
```

注意：在删除登录账号之前，应先将登录账号所对应的用户账号全部删除，不然无法删除登录账号。

【实训内容】

1. 查看当前服务器的安全验证机制，并将结果截屏到实训报告。
2. 创建一个登录账号 LoginA，密码为 123456，并赋予其系统管理员角色 sysadmin。
3. 创建一个登录账户 LoginB，密码为 123456，默认数据库选 EDUC，不修改其他属性。
4. 在 EDUC 数据库中创建一个用户 User1，关联到登录账户 LoginB。
5. 将 student 数据表的 SELECT、ALTER、DELETE、UPDATE 权限赋予 User1。
6. 删除用户 User1。
7. 删除登录账户 LoginB。

学习情境 4

网站主页设计

【能力要求】

- 能设计"图书借阅系统"的首页,并能够完成首页上基本元素的设计。
- 能使用框架、Menu 和 TreeView 控件完成页面导航。
- 能使用 GridView 控件显示数据库中的数据。

【任务分解】

- 任务 4-1 设计并实现"图书借阅系统"首页
- 任务 4-2 设计并实现"管理员主页"
- 任务 4-3 设计并实现"读者主页"

【重难点】

- 超链接、新闻链接和用户控件的制作。
- 页面导航控件的使用。

【自主学习内容】

仿照 www.126.com,完成"邮箱主页"的设计,同时为邮箱管理员和普通邮箱用户设计不同的管理页面。

本学习情境的任务是为管理员和学生用户设计管理 library 数据库中数据的页面。"图书借阅系统"功能图如图 4-1 所示。

从图 4-1 可以看出,读者管理中的添加读者(AddReader.aspx)、修改读者(UpdateReader.aspx)、删除读者(DeleteReader.aspx),图书管理中的添加图书(AddBook.aspx)、修改图书(UpdateBook.aspx)、删除图书(DeleteBook.aspx),图书类别管理中的添加类别(AddBooktype.aspx)、修改类别(UpdateBooktype.aspx)、删除类别(DeleteBooktype.aspx)窗体已经在前期的任务中逐步实现,而网站首页、管理员主页、查看已借图书(BorrowedBooks.aspx)、借书(BorrowBooks.aspx)和修改密码(ChangePwd.aspx)窗体还没有实现,这些将在本学习情境中实现,完成"图书借阅系统"网站的开发设计任务。

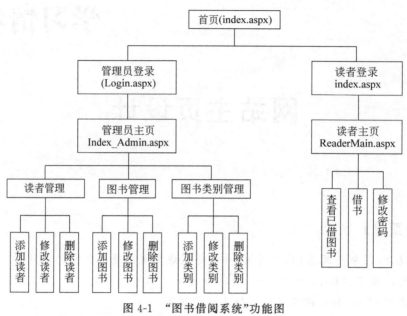

图 4-1 "图书借阅系统"功能图

任务 4-1　设计并实现"图书借阅系统"首页

4.1.1　设计"读者登录"用户控件

Visual Studio 中除了提供服务器控件外，也可以由用户自定义控件。任务 3-6 实现了管理员用户登录验证，本节则通过设计"读者登录"用户控件，实现读者用户的登录验证。

1. 添加用户控件 ReaderLogin.ascx

打开"图书借阅系统"网站，在网站根目录下新建 UserControl 文件夹，用于存储用户控件文件。

选中 UserControl 文件夹，右击，在快捷菜单中选择"添加新项"命令，选择 Visual C♯和"Web 用户控件"项，输入文件名 ReaderLogin.ascx，如图 4-2 所示。

2. 设计 ReaderLogin.ascx 用户控件

打开 ReaderLogin.ascx 文件的设计视图，用户控件布局如图 4-3 所示。
ReaderLogin.ascx 文件设计视图中的各控件 ID 及部分属性如表 4-1 所示。

图 4-2 添加用户控件

图 4-3 ReaderLogin.ascx 用户控件布局

表 4-1　ReaderLogin.ascx 文件设计视图中各控件 ID 及部分属性

控件 ID	属　性	值	说　明
Label1	Text	读者登录	
Label2	Text	读者号：	
Label3	Text	密码：	
Label4	Text	验证码：	
TextBox1	MaxLength	7	输入读者号
TextBox2	MaxLength	16	输入密码
	TextMode	Password	密码掩码
TextBox3	MaxLength	0	输入验证码
Button1	Text	登录	实现登录
Button2	Text	重填	清空输入内容并更新验证码

续表

控件 ID	属 性	值	说 明
Button3	Text	Button	用于显示产生的随机验证码
	BorderStyle	None	边框样式
	Font-Names	微软雅黑	字体名称
	Font-Size	12pt	字号
	BackColor	#99CCFF	背景色
	ForeColor	White	前景色

3. 修改 readers 表结构

ReaderLogin.ascx 是为了实现 readers 表中用户的登录验证,"图书借阅系统"以 readers 表的 reader_id 字段值作为用户名,在 readers 表中添加名为 pwd 的新字段存储密码,并将初始密码设置为与学号(reader_id)的值相同。

打开数据库,执行如下命令完成上述功能。

```
USE library--打开 library 数据库
ALTER TABLE readers ADD pwd varchar(16)--为 readers 表添加名为 pwd 的新字段
go
UPDATE readers SET pwd=reader_id--修改 pwd 字段值与 reader_id 字段值相同
```

4. 功能设计

(1) 初始化验证码。

双击 ReaderLogin.ascx 文件设计视图的空白处,打开用户控件的 Load 事件,事件代码如下:

```
protected void Page_Load(object sender, EventArgs e)
{
   if (IsPostBack ==false)
      Button3.Text =Yzm.CreateYzm(4);      //产生长度为 4 的验证码
}
```

(2) "登录"功能设计。

双击设计视图中的"登录"按钮,打开 Button1 的 Click 事件,编写代码实现登录。代码与任务 3-6 中的登录代码相似,仅修改了用户名和密码字段取值的来源。

```
protected void Button2_Click(object sender, EventArgs e)
{
   if (TextBox1.Text.Trim() =="")
      WebMessage.Show("请输入读者号!");
   else if (TextBox2.Text.Trim() =="")
```

```csharp
        WebMessage.Show("请输入密码!");
    else if (TextBox3.Text.Trim() =="")
        WebMessage.Show("请输入验证码!");
    else if (TextBox3.Text.Trim().ToUpper() !=Button3.Text.Trim().ToUpper())
            WebMessage.Show("验证码错误!");
        else
         {
            string sqltext ="select * from readers where reader_id='" +TextBox1.Text.Trim() +"'";
            System.Data.DataTable table =new System.Data.DataTable();
            ConnSql con =new ConnSql();
            table =con.RunSqlReturnTable(sqltext);
            if (table.Rows.Count <=0)
                WebMessage.Show("用户名错误!");
            else if (table.Rows[0]["pwd"].ToString().Trim() !=TextBox2.Text)
                WebMessage.Show("密码错误!");
            else
            {
                Session["uid"] =TextBox1.Text.Trim();
                Session["pwd"] =TextBox2.Text.Trim();
                Session["reader_name"] =table.Rows[0]["reader_name"].ToString().Trim();
                WebMessage.Show("正确,单击确定跳转到主页!","ReaderMain.aspx");
            }
        }
    }
}
```

(3)"重填"功能设计。

双击设计视图中的"取消"按钮,打开 Click 事件,事件代码如下:

```csharp
protected void Button2_Click(object sender, EventArgs e)
{
    TextBox1.Text =TextBox2.Text =TextBox3.Text ="";
    Button3.Text =Yzm.CreateYzm(4);
}
```

(4)刷新验证码设计。

双击用于显示验证码的 Button3 按钮,打开 Click 事件,事件代码如下:

```csharp
protected void Button3_Click(object sender, EventArgs e)
{
    Button3.Text =Yzm.CreateYzm(4);     //重新生成验证码
}
```

4.1.2 首页设计

1. 添加首页

首页是用户打开网站所看到的第一个页面,通常用 default、index 来命名,在"图书借阅系统"网站的根目录下添加名为 index.aspx 的 Web 窗体作为首页。

2. 设计 Logo 图片

网页上各种控件的大小应是固定的,尤其是首页,尽量不要使用百分比作为控件高度、宽度的单位,常用单位有像素、厘米等,计算机显示器的屏幕分辨率常用像素作单位。

使用 Photoshop 或其他绘图工具设计 logo 图,本书要求图片的大小为 1000 像素×150 像素,Logo 图片告诉访问者本网站的主题。

为网站新建 images 文件夹,将网站用到的图片存储到该文件夹中。

3. 窗体布局

Web 窗体在添加控件时不能随意放置,要排列控件可以使用 div、table 等标签先分割窗体,再将控件放置在不同区域或单元格内。DIV+CSS 是目前比较流行的布局方式,其中表格控件 table 也是最常用于分割窗体的控件,使用方法简单、直接。

在 index.aspx 窗体的"设计"视图中,选择"表"→"插入表"命令,添加一个 4 行 3 列、居中、宽度为 1000 像素的表格,如图 4-4 所示。

图 4-4 为 index.aspx 添加表格

4. 设置首行图片

选中第 1 行的 3 个单元格，右击，在快捷菜单中选择"修改"→"合并单元格"命令，将第 1 行的 3 个单元格合并为 1 个。

选中第 1 行的单元格，在属性面板中单击 style 属性后的…按钮，在打开的"修改样式"对话框中选择"背景"选项卡，单击 background-image 后的"浏览"按钮，选择 images 文件夹中的 logo.jpg 图片，设置 background-repeat 属性为 no-repeat，如图 4-5 所示。

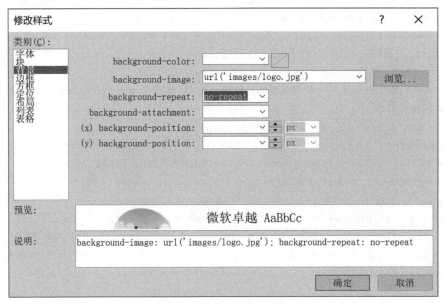

图 4-5 设置单元格背景

图片背景设置成功后，再将第 1 行单元格的 Height 属性值设置为 150 像素，即可在单元格中以背景图片的形式完整显示 logo.jpg 图片。

5. 制作图片新闻

经常能够在网站的首页上看到图片新闻，图片新闻的基本样式如图 4-6 所示。本节将创建用户控件以实现图片新闻。

在网站的 UserControl 文件夹中添加名为 News.ascx 的"Web 用户控件"。编者从网络上下载了 5 幅图片作为图片新闻的素材，将其依次命名为 n1.jpg～n5.jpg，添加到网站图片素材文件夹 images 中。

（1）编写实现图片新闻的 JS 代码。

实现网站特效最常用的方法是编写 JS 代码，编写人员需要熟悉基本的 JavaScript 语言以及 Java 语言基本语句格式和过程的创建。打开 News.ascx 文

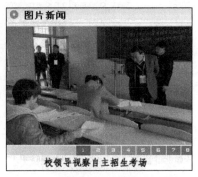

图 4-6 图片新闻的基本样式

件的源视图，编写如下代码：

```
<%@ Control Language="C#" AutoEventWireup="true" CodeFile="News.ascx.cs"
Inherits="UserControl_News" %>
<!--下面的style用于设置图片新闻下的数字序号的样式-->
<style># g_div{text-align:right;overflow:hidden}
.b{width:24px; height:16px; background:#737373; font-size:14px; font-weight:
bold; color:#fff; text-decoration:none;margin-left:1px}
.b:hover{width:24px; height:16px; background:#780001; font-size:14px; font-
weight:bold; color:#fff; text-decoration:none;margin-left:1px}
.bhover{width:24px; height:16px; background:#780001; font-size:14px; font-
weight:bold; color:#fff; text-decoration:none;margin-left:1px}
</style>
<!--下面的div及img用于实现图片新闻的主体,链接是单击图片时要链接的网站,也可以
是本网站的资源-->
<div id="g_div" style="width:270px;height:252px">
    <a href="#" target="_blank"><img id="g_img" style="border-right:green
1px solid; border-top: green 1px solid; FILTER: revealTrans (duration = 1,
transition= 23); border-left: green 1px solid; width: 266px; border-bottom:
green 1px solid; height:220px" src="images/n1.jpg"/></a>
    <a href="http://www.baidu.com/" for="images/n1.jpg" target="_blank">新闻1</a>
    <a href="http://www.126.com/" for="images/n2.jpg" target="_blank">新闻2</a>
    <a href="http://www.lvtc.edu.cn/" for="images/n3.jpg" target="_blank">新闻3</a>
    <a href="http://www.qq.com/" for="images/n4.jpg" target="_blank">新闻4</a>
    <a href="http://www.baidu.com/" for="images/n5.jpg" target="_blank">新闻5</a>
</div>
    <!--下方是实现图片新闻的JS代码-->
<script language="JavaScript" type ="text/javascript">
    function f() {
        var g_sec =2    //设置图片切换的速度,单位为秒
        var g_items =new Array()//定义数组
        var g_div =document.getElementById("g_div")
        var g_img =document.getElementById("g_img")
        var g_imglink =g_img.parentElement
        var arr =g_div.getElementsByTagName("A")
        var arr_length =arr.length
        var g_index =1
        var show_img =function (n) {
            if (^d+/.test(n)) {
                var prev =g_index +1
                g_index =n -1
            }
            else {
                var prev =(g_index>arr.length) ? (arr_length -1) : g_index +1
```

```
            g_index = (g_index < arr_length - 2) ? (++g_index) : 0
        }
        if (document.all) {
            g_img.filters.revealTrans.Transition = 23;
            g_img.filters.revealTrans.apply();
            g_img.filters.revealTrans.play();
        }
        arr[prev].clasreader_name = "b"
        arr[g_index + 1].clasreader_name = "bhover"
        g_img.src = g_items[g_index].img.src
        g_img.title = g_items[g_index].txt
        g_imglink.href = g_items[g_index].url
        g_imglink.target = g_items[g_index].target
    }
    for (var i = 1; i < arr_length; i++) {
        g_items.push({ txt: arr[i].innerHTML,
        url: arr[i].href,
        target: arr[i].target,
         img: (function () { var o = new Image; o.src = arr[i].getAttribute
("for"); return o })()
        })
        arr[i].title = arr[i].innerHTML
        arr[i].innerHTML = [i, " "].join("")
        arr[i].clasreader_name = "b"
        arr[i].onclick = function () {
            event.returnValue = false;
            show_img(event.srcElement.innerText)
        }
    }
    show_img(1)
    var t = window.setInterval(show_img, g_sec * 1000)
    g_img.onmouseover = function () { window.clearInterval(t) }
    g_img.onmouseout = function () { t = window.setInterval(show_img, g_sec * 1000) }
}
if (document.all) { window.attachEvent('onload', f) }
else { window.addEventListener('load', f, false); }
</script>
```

(2) 添加图片新闻到 index.aspx 窗体。

打开 index.aspx 的设计视图,选择表格中的第 2 行第 1 列单元格,拖放 News.ascx 控件到该单元格,即可将用户定义的控件添加到窗体中。也可以在 index.aspx 窗体的源视图中添加代码来实现用户控件的添加。

① 在<html>标记之前编写如下代码:

```
<%@Register src="UserControl/News.ascx" tagname="News" tagprefix="uc1" %>
```

② 在表格的第 1 行第 1 列单元格标记中编写如下代码：

```
<uc1:News ID="News1" runat="server" />
```

实现图片新闻的方法有很多，参见教材"图书借阅系统"网站文件，在 UserControl 文件夹中有 News1.ascx 控件实现了另外一种形式的图片新闻，基本原理相同。图片新闻加入首页后的效果如图 4-7 所示。

6. 添加"读者登录"控件到首页

打开 index.aspx 的设计视图，选择表格的第 2 行的第 2 个单元格，从网站的 UserControl 文件夹中拖动 ReaderLogin.ascx 用户控件到该单元格，效果如图 4-8 所示。

图 4-7 图片新闻效果

图 4-8 "读者登录"控件效果

7. 制作滚动文字新闻

在网站的 UserControl 文件夹中添加名为 gdwz.ascx 的"Web 用户控件"，打开 gdwz.ascx 文件的源视图，编写如下代码：

```
<%@ Control Language="C#" AutoEventWireup="true" CodeFile="gdwz.ascx.cs" Inherits="gdwz" %>
<marquee id="a" onmouseover=a.stop() style="font-size: 12pt; color: white" onmouseout=a.start() scrollamount="2" direction="up" width="150" bgcolor="#ffffff" height="150">
<div align="left">
    <a href="http://www.baidu.com">百度搜索链接</a><br />
    <a href="http://www.126.com">126邮箱链接</a><br/>
    <a href="http://www.163.com">网易邮箱链接</a><br/>
    <a href="http://www.chinaedu.edu.cn">中国教育网链接</a><br/>
    <a href="http://www.tup.tsinghua.edu.cn">清华大学出版社链接</a><br/>
</div>
</marquee>
```

打开 index.aspx 窗体的设计视图，选中表格的第 2 行第 3 列的单元格，拖动 gdwz.

ascx 用户控件到该单元格,效果如图 4-9 所示。

8. 制作滚动图片新闻

在网站的 UserControl 文件夹中添加名为 gdNews.ascx 的"Web 用户控件",打开"gdNews.ascx"文件的源视图,编写如下代码:

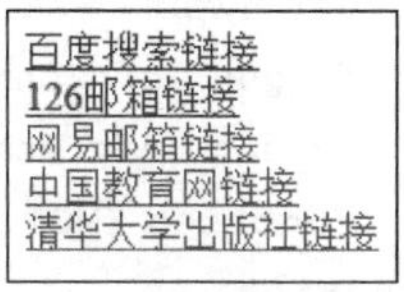

图 4-9　滚动文字新闻效果

```
<%@ Control Language="C#" AutoEventWireup="true" CodeFile="gdNews.ascx.cs"
Inherits="UserControl_gdNews" %>
<div id="fx_gun_left" style="overflow: hidden; width: 750px; white-space:
nowrap;">
    <table cellpadding="0" cellspacing="0" border="0">
<tr><td id="fx_gun_left1" valign="top" align="center" style="height:
164px">
<table cellspacing="0" border="0" style="border-collapse: collapse">
<tr align="center"><td><img alt="教学新闻 1" src="images/n1.jpg" width="201"
height="139" id="IMG2" style="border-right: #6699cc 2px solid; border-top:
#6699cc 2px solid; border-left: #6699cc 2px solid; border-bottom: #6699cc 2px
solid;"></td>
<td><a href="http://www.lvtc.edu.cn"><img src="images/n2.jpg" alt="教学新闻
2" width="207" height="139" style="border-right: #6699cc 2px solid; border-
top: #6699cc 2px solid; border-left: #6699cc 2px solid; border-bottom: #6699cc
2px solid;"></a></td>
<td><img src="images/n3.jpg" alt="教学新闻 3" width="207" height="139" style=
"border-right: #6699cc 2px solid; border-top: #6699cc 2px solid; border-left:
#6699cc 2px solid; border-bottom: #6699cc 2px solid;"></td>
<td><img src="images/n4.jpg" alt="教学新闻 4" width="207" height="139" style=
"border-right: #6699cc 2px solid; border-top: #6699cc 2px solid; border-left:
#6699cc 2px solid; border-bottom: #6699cc 2px solid;"></td>
<td><img src="images/n5.jpg" alt="教学新闻 5" width="207" height="139" style=
"border-right: #6699cc 2px solid; border-top: #6699cc 2px solid; border-left:
#6699cc 2px solid; border-bottom: #6699cc 2px solid;"></td>
</tr></table></td>
<td id="fx_gun_left2" valign="top" style="height: 0px"></td>
</tr></table></div>
<script language="javascript" type="text/jscript">
    var speed=10//设置滚动速度,数值越大速度越慢
    fx_gun_left2.innerHTML=fx_gun_left1.innerHTML
    function Marquee3() {
        if (fx_gun_left2.offsetWidth-fx_gun_left.scrollLeft<=0)
            fx_gun_left.scrollLeft-=fx_gun_left1.offsetWidth
        else
            fx_gun_left.scrollLeft++
    }
```

```
        var MyMar3 =setInterval(Marquee3, speed)
        fx_gun_left.onmouseover =function () { clearInterval(MyMar3) }
        fx_gun_left.onmouseout =function () { MyMar3 =setInterval(Marquee3, speed) }
        function IMG1_onclick() { }
</script>
```

打开 index.aspx 窗体的设计视图，将表格的第 3 行的三个单元格合并，拖动 gdNews.ascx 用户控件到合并后的单元格，效果如图 4-10 所示。

图 4-10　滚动图片新闻效果

9. 制作页面底部导航栏

因导航栏要在多个页面中使用，所以制作成用户控件形式。

(1) 在网站的 UserControl 文件夹中添加名为 Bottom.ascx 的"Web 用户控件"，编写的源代码如下：

```
<%@ Control Language="C#" AutoEventWireup="true" CodeFile="Bottom.ascx.cs"
Inherits="userControl_Bottom" %>
<table style =" font - size: 9pt; width: 1000px; height: 80px;" align =" left"
cellpadding="0" cellspacing="0">
<tr>
<td align="center" style="height: 25px;">友情连接：
<a href="http://www.ahedu.gov.cn" target ="_blank" style="font-size: 9pt;
text-decoration:none; color: black;">安徽教育网</a>
<a  href ="http://www.ahgj.gov.cn/" target ="_blank" style="font-size: 9pt;
text-decoration:none; color: black;">安徽高教网</a>
<a href="http://www.edu.cn" target ="_blank" style="font-size: 9pt;text-
decoration:none; color: black;">中国教育网</a>
<a href="http://www.tech.net.cn" target ="_blank" style="font-size: 9pt;
text-decoration:none; color: black;">中国高职高专教育网</a>
<a href ="Login.aspx"style="font - size: 9pt; text-decoration: none; color:
black;">管理员入口</a>
</td></tr>
<tr>
<td align =" center" valign =" top" style =" border - top: # ffcc99 2px ridge;
background-color:lightgrey;">
<br />
        数据库案例与应用开发技术    服务热线：  (010)12345678<br />
```

```
        服务邮箱:  wh0115140@126.com <br />
        CopyRight  ©      数据库应用技术开发小组
</td></tr>
</table>
```

（2）将 Bottom.ascx 控件添加到 index.aspx 窗体。

将 index.aspx 窗体中 table 控件的最后一行的 3 个单元格合并，然后拖动 Bottom.ascx 控件到该单元格，效果如图 4-11 所示。

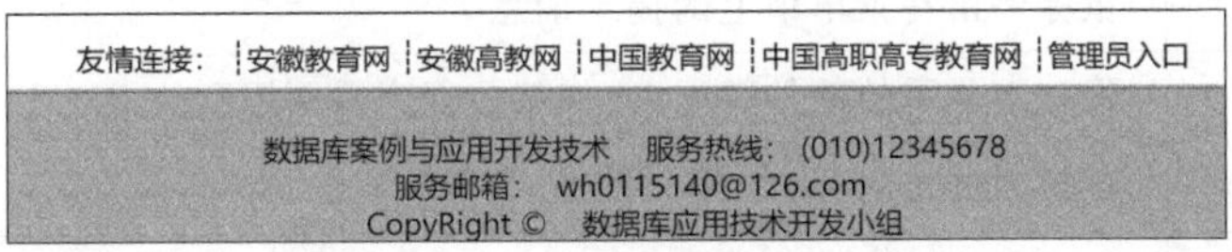

图 4-11　页面底部导航栏效果

经过上述设置，在浏览器中查看首页的效果如图 4-12 所示。

图 4-12　首页效果

任务 4-2　设计并实现"管理员主页"

4.2.1　导航控件

1. Menu 控件

Menu 控件以菜单形式提供页面导航功能，可以为 ASP.NET 网页设计静态和动态显示的 Menu 菜单,可以在 Menu 控件中直接配置属性,还可以通过为控件绑定数据源的方式指定内容。Menu 控件由一个个的菜单项 MenuItem 组成,每个菜单项(MenuItem)常用属性如表 4-2 所示。

表 4-2 MenuItem 的常用属性

属性名	介 绍
Text	菜单项文本
ToolTip	鼠标停留在菜单项上的提示消息
Value	保存不显示的额外数据(比如某些程序需要用到的 ID)
NavigateUrl	菜单项链接的 url
Target	显示菜单项 url 的目标窗口或框架
Selectable	菜单项可用性,如果为 false,菜单项呈灰色不可用
ImageUrl	菜单项旁边的图片
PopOutImageUrl	菜单项包含子项时显示在菜单项旁的图片,默认是一个小的实心箭头
SeparatorImageUrl	菜单项下面显示的图片,用于分隔菜单项

2. TreeView 控件

TreeView 控件以分级视图形式实现页面导航,如同 Windows 里的资源管理器的目录,用法与 Menu 控件相似。

4.2.2 设计并实现管理员主页

1. 窗体布局设计

打开"图书借阅系统"网站,在网站根目录下添加名为 Index_Admin.aspx 的 Web 窗体,在窗体中添加 4 行 2 列、宽度为 1000 像素的表格,在第 3 行第 2 列的单元格中添加框架控件 iframe,添加 iframe 控件需要在源视图中编写如下代码:

```
<iframe name ="mainframe" height ="500px" width="850px"></iframe>
```

合并表格的第 1 行,设置单元格背景为 logo.jpg。

合并表格的第 2 行,拖曳 Menu 控件到第 2 行,工具箱中的导航控件如图 4-13 所示。

选中添加到窗体中的 Menu 控件,单击控件旁边的>按钮,在弹出的"Menu 任务"菜单中选择"编辑菜单项",如图 4-14 所示。

在打开的"菜单项编辑器"对话框中,单击"添加根项"按钮 添加一项,在"属性"区域中,设置 Text、NavigateUrl、Target 属性,后续菜单也通过该按钮添加;添加若干个菜单项之后,可以通过选中某项并单击以下按钮来调整其顺序和缩进。

：所选菜单项在同级间向上移动。

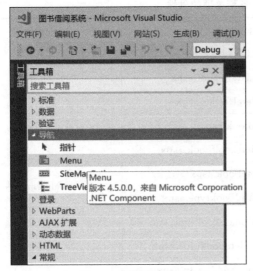

图 4-13 导航控件

图 4-14 编辑 Menu 控件菜单项

 ：所选菜单项在同级间向下移动。

 ：所选菜单项升级为父级菜单项。

 ：所选菜单项成为其前一个同级的子级。

 ：移除所选菜单项。

Menu 控件的菜单项如图 4-15 所示。

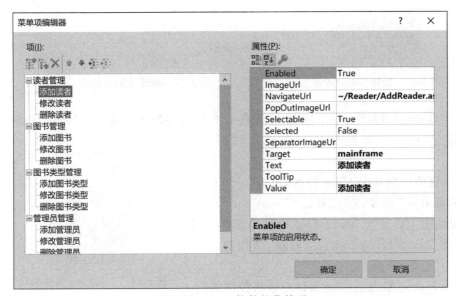

图 4-15 Menu 控件的菜单项

各菜单项的属性如表 4-3 所示。

学习情境 4 网站主页设计

表 4-3 各菜单项的属性

Text	NavigateUrl	Target
添加读者	~/Reader/AddReader.aspx	
修改读者	~/Reader/UpdateReader.aspx	
删除读者	~/Reader/DeleteReader.aspx	
添加图书	~/Books/AddBook.aspx	
修改图书	~/Books/UpdatebookBook.aspx	
删除图书	~/Books/DeleteBook.aspx	mainframe
添加图书类型	~/Booktype/AddBooktype.aspx	
修改图书类型	~/Booktype/UpdateBooktype.aspx	
删除图书类型	~/Booktype/DeleteBooktype.aspx	
添加管理员	~/User_Admin/AddAdmin.aspx	
修改管理员	~/User_Admin/UpdateAdmin.aspx	
删除管理员	~/User_Admin/DeleteAdmin.aspx	

设计完成后的 Menu 控件呈竖排状态，效果如图 4-16 所示。

要将控件设置为横排，将 Menu 控件的 Orientation 属性由 Vertical 修改为 Horizontal 即可，横排 Menu 控件如图 4-17 所示。

图 4-16 竖排 Menu 控件

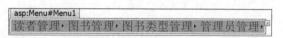

图 4-17 横排 Menu 控件

从工具箱的"导航"选项下拖曳 TreeView 控件到管理员主页表格的第 2 行第 1 列单元格，可见 TreeView 控件的初始样式如图 4-18 所示。

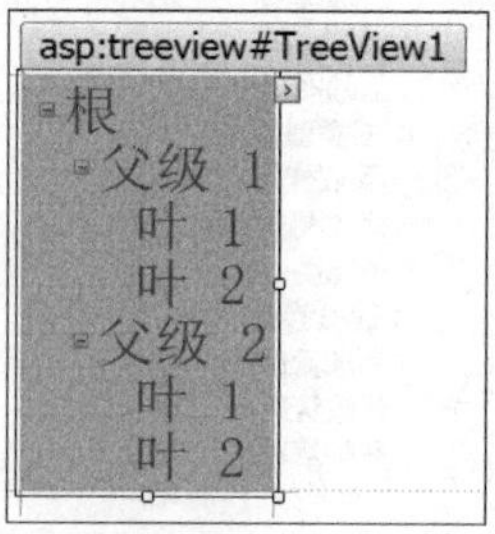

选中窗体中的 TreeView 控件，单击">"符号后选择"编辑节点"命令，在打开的"TreeView 节点编辑器"对话框中设置与 Menu 控件相同的菜单项，各菜单项的 Text、NavigateUrl、Target 属性与表 4-3 相同。

合并 Index_Admin.aspx 窗体中表格控件的第 4 行，从"图书借阅系统"网站的用户控件文件夹 UserControl 中拖曳 Bottom.ascx 控件到合并后的单元格。

图 4-18 TreeView 控件的初始样式

在浏览器中预览管理员主页的效果如图 4-19 所示，当单击导航控件中的对应菜单命令时，将 NavigateUrl 属性所设置的窗体显示在 iframe 中，即显示在控件名与 Target 属性值对应的控件中。

图 4-19　管理员主页的预览效果

2. 窗体功能设计

管理员主页应只允许成功登录的用户访问，常用 Session 对象中是否存储登录信息进行判断，任务 3-6 在 Login.aspx.cs 文件中保存了登录用户的用户名和密码，此时在 Index_Admin.aspx.cs 文件的 Page_Load 事件中加上判断来实现页面安全性，代码如下：

```
protected void Page_Load(object sender, EventArgs e)
{
    if (IsPostBack ==false)
    {
      if (Session["uid"] ==null)
         WebMessage.Show("请先登录", "Login.aspx");
    }
}
```

当 Session["uid"] 的值为空时，提示出错信息并将页面转向 Login.aspx 页面，录入该段代码后可防止用户直接预览 Index_Admin.aspx 窗体，只允许那些经过登录验证的用户预览该窗体。

任务 4-3 设计并实现"读者主页"

读者登录后应能查看已借图书、借书和修改密码,登录成功后应首先看到已借图书的信息,借书时应将该读者未借的图书列出来,然后从未借图书中选择,修改密码功能是将当前登录读者的密码修改掉。

使用 Visual Studio 自带的数据控件 GridView 显示已借图书和未借图书信息。GridView 控件是以表格形式显示的数据控件。

当登录成功转到读者主页(ReaderMain.aspx)后,读者可以查看已借图书、借书和修改密码。

4.3.1 设计读者主页

1. 窗体布局设计

打开"图书借阅系统"网站,在网站根目录下添加名为 ReaderMain.aspx 的 Web 窗体,在窗体中添加 4 行 2 列、居中、宽度为 1000 像素的表格,各行设计如下所述。

合并第 1 行两个单元格,设置单元格背景图片为 images 文件夹中的 logo.jpg 图片。

合并第 2 行两个单元格,添加 ID 为 Label1 的 Label 控件,属性设置如表 4-4 所示。

表 4-4 ReaderMain.aspx 中 Label1 控件的属性设置

控件名	属 性	属性值
Label1	ForeColor	#33CC33
	Font-Names	微软雅黑
	Font-Size	14pt
	Font-Bold	True

在第 3 行第 1 列单元格中添加 3 个超链接,分别链接到已借图书窗体 BorrowedBooks.aspx、借书窗体 BorrowBooks.aspx 和修改密码窗体 ChangePwd.aspx,前两个使用超链接标签>实现,最后一个链接使用 Visual Studio "标准"工具箱中的 HyperLink 控件实现,该单元格的源代码如下:

```
<a href=" Reader/BorrowedBooks.aspx" target ="mainframe">已借图书</a>
<br />
<a href=" Reader/BorrowBooks.aspx" target ="mainframe">借书</a>
<br />
<asp:HyperLink ID =" HyperLink1" runat =" server" NavigateUrl ="/Reader/ChangePwd.aspx" Target="mainframe">修改密码</asp:HyperLink>
```

在第 3 行第 2 列单元格中添加 iframe 标记,源代码如下:

```
<iframe name="mainframe" width ="900px" height ="400px"></iframe>
```

合并第 4 行两个单元格,从"解决方案资源管理器"的 UserControl 文件夹中拖放一个 Bottom 用户控件到该单元格,作为读者主页的底部导航。

2. 窗体功能设计

在 ReaderMain.aspx 窗体设计视图的空白处双击,打开窗体的 Page_Load 事件,编写代码实现窗体的访问安全验证,脚本代码如下:

```
protected void Page_Load(object sender, EventArgs e)
{
    if (IsPostBack ==false)
    {
        if (Session["uid"] ==null) //Session 值为空,跳转到首页,uid 在读者登录时存储了读者号
            WebMessage.Show("请登录", "index.aspx");
        else//显示欢迎标语
            Label1.Text ="欢迎你" +Session["reader_name"].ToString().Trim () + "同学!";
    }
}
```

4.3.2　设计已借图书页面

在"图书借阅系统"网站的 Reader 文件夹中添加名为 BorrowedBooks.aspx 的 Web 窗体,为窗体添加 3 行 1 列的表格,各行设计如下所述。

第 1 行添加名为 Label1 的 Label 标签控件,Text 属性设置为"以下是你所借图书信息:"。

第 2 行添加工具箱"数据"项中的 GridView 控件,设置自动套用模板为"红糖"(自动套用模板方法参考任务 3-5)。为 GridView 控件配置数据源,配置选项的前几个步骤的选择参考任务 3-5,配置 Select 语句时选中"指定自定义 SQL 语句或存储过程"单选按钮,如图 4-20 所示。

单击"下一步"按钮后转到"定义自定义语句或存储过程"界面,在 SELECT 项下输入语句"select book_name 书名,type_name 类别,btime 借阅时间 from　reader_book, books, booktype where reader_book.reader_id=@uid and reader_book.book_id=books.book_id and books.type_id=booktype.type_id",如图 4-21 所示。

由于语句中含有局部变量@uid,因此单击"下一步"按钮后会转到"定义参数"界面,参数源选择 Session 项,在 SessionField 文本框中输入 uid,如图 4-22 所示。

继续单击"下一步"按钮直到完成数据源的配置工作。

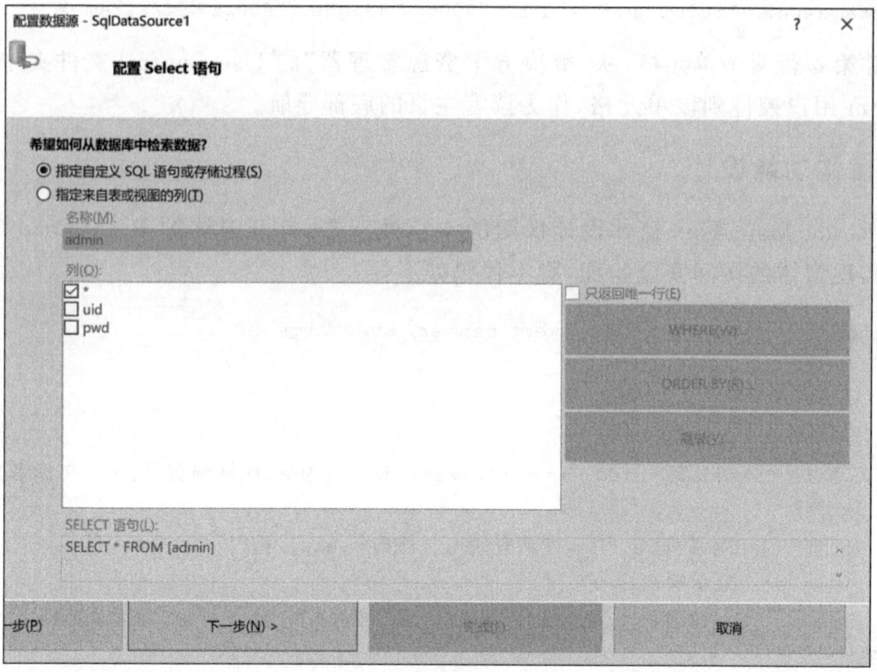

图 4-20 配置 Select 语句

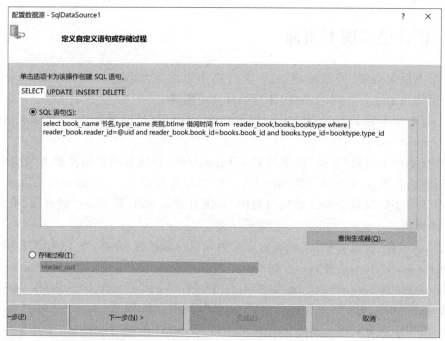

图 4-21 配置定义自定义语句或存储过程

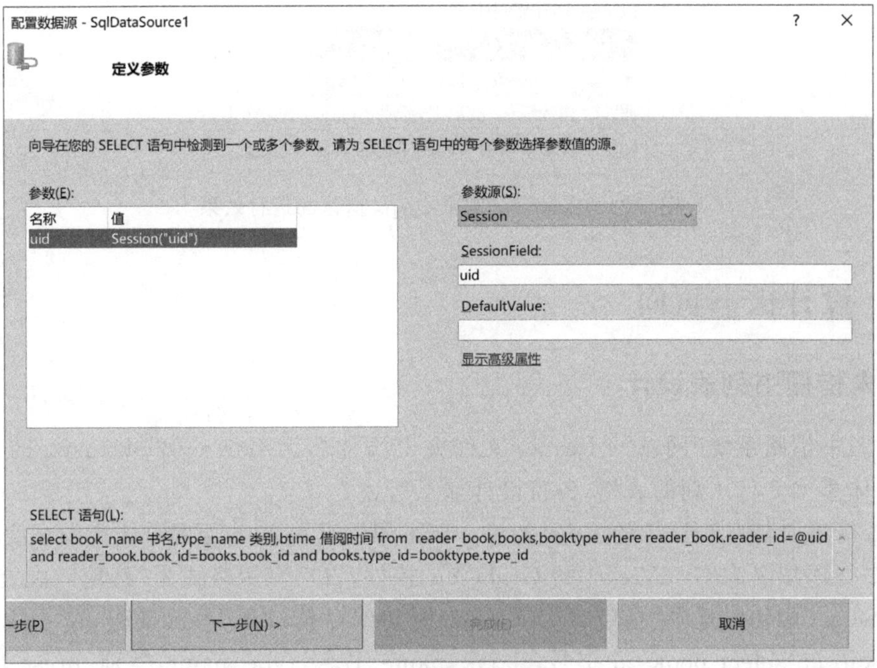

图 4-22 配置定义参数

第 3 行添加名为 Label2 的 Label 标签控件和超链接 HyperLink 控件,属性设置如表 4-5 所示。

表 4-5 控件属性

控 件	属 性	属 性 值
Label2	ForeColor	#FF0000
	Text	如果所借图书为空,表明你没借书,请:
	Font-Names	微软雅黑
	Font-Size	14pt
	Font-Bold	True
HyperLink1	Text	借书
	Target	mainframe
	NavigateUrl	BorrowBooks.aspx.aspx

在源视图中的代码如下:

```
<asp:Label ID="Label2" runat="server" Font-Bold="True" ForeColor="Red" Text=
"如果所借图书为空,表明你没借书,请:"></asp:Label>
<asp:HyperLink ID="HyperLink1" runat="server" NavigateUrl="BorrowBooks.aspx"
Target="mainframe">借书</asp:HyperLink>
```

完成后,BorrowedBooks.aspx 窗体的运行效果如图 4-23 所示。

图 4-23　BorrowedBooks.aspx 窗体的运行效果

4.3.3　设计借书页面

1. 未借图书列表设计

在"图书借阅系统"网站的 Reader 文件夹中添加名为 BorrowBooks.aspx 的 Web 窗体，为窗体添加 2 行 1 列的表格，各行设计如下所述。

第 1 行添加名为 Label1 的 Label 控件，Text 属性设置为"以下是你未借图书信息："。

第 2 行添加名为 GridView1 的 GridView 控件，自动套用格式为"红糖"，配置数据源的配置 Select 语句时选中"指定自定义 SQL 语句或存储过程"单选按钮，在 SELECT 选项中输入语句"select book_id 书号, book_name 书名, type_name 类别, press 出版社, ptime 出版时间 from books, booktype where books.type_id＝booktype.type_id and book_id not in (select book_id from reader_book where reader_id＝@reader_id)"，注意字段别名的使用、未借图书的条件表示、@reader_id 局部变量的表示，设置别名后 GridView 控件中列标题将用别名显示，否则用字段名显示，如图 4-24 所示。

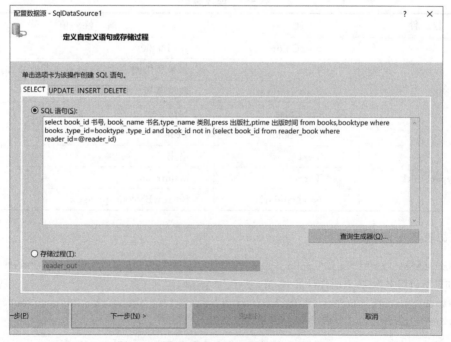

图 4-24　配置定义自定义语句或存储过程

单击"下一步"按钮后进入"定义参数"界面，配置与图 4-22 相同，继续单击"下一步"按钮直到完成数据源的配置工作。

接下来为 GridView 控件增加超链接，方便确认选课。

单击 GridView 控件旁的＞符号，选择"GridView 任务"中的"编辑列"命令，打开"字段"对话框，选中"可用字段"列表中的 TemplateField 项，单击"添加"按钮，将在"选定的字段"列表中增加 TemplateField 字段，修改该字段的 HeaderText 属性值为"借书"，其他属性均为默认，如图 4-25 所示。

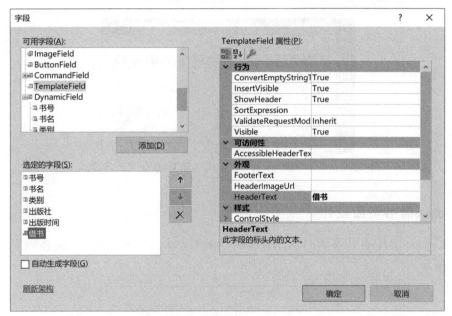

图 4-25　添加"借书"字段

添加"借书"字段后的 GridView 控件样式如图 4-26 所示。

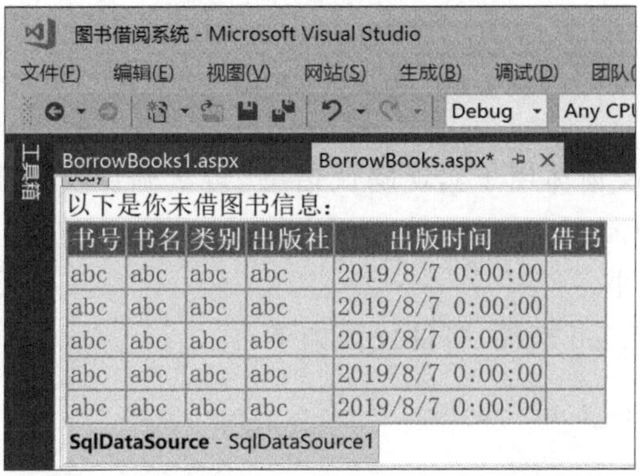

图 4-26　添加"借书"字段后的 GridView 控件样式

打开窗体的源视图，找到 TemplateField 标记的位置，添加＜ItemTemplate＞标记，源代码如下：

学习情境 4　网站主页设计

```
<asp:TemplateField HeaderText="借书">
  <ItemTemplate>
    <a href="BorrowBooks1.aspx?book_id=<%#Eval("书号") %>&book_name=<%#Eval("书名") %>&type_name=<%#Eval("类别") %>&press=<%#Eval("出版社") %>&ptime=<%#Eval("出版时间") %>">借书</a>
  </ItemTemplate>
</asp:TemplateField>
```

添加 ItemTemplate 标记后的 GridView 控件样式如图 4-27 所示。

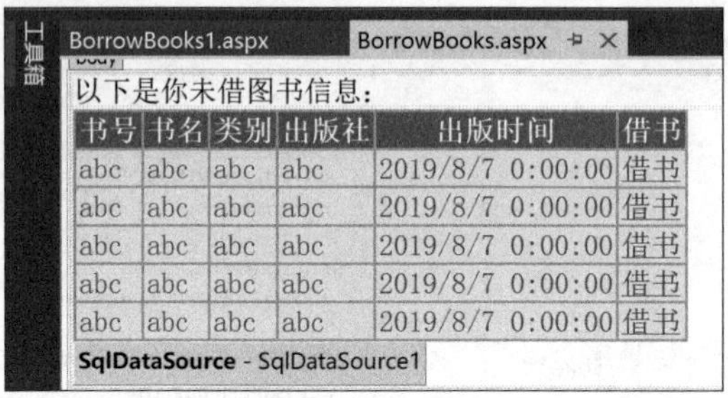

图 4-27　添加 ItemTemplate 标记后的 GridView 控件样式

2. 确认借书页面设计

在 Reader 文件夹中添加名为 BorrowBooks1.aspx 的 Web 窗体,窗体设计视图如图 4-28 所示。

图 4-28　确认借书窗体设计视图

BorrowBooks1.aspx 窗体用于实现确认借书,再次确认所借图书的基本信息和读者基本信息,信息显示在 Label 控件中,防止用户修改,Label 控件的 ID 从 Label1～Label7,单击"借阅"按钮实现借书。

打开窗体的 Page_Load 事件,事件代码如下:

```
protected void Page_Load(object sender, EventArgs e)
{
    if (IsPostBack == false)
    {
        Label1.Text = Session["uid"].ToString().Trim();
        Label2.Text = Session["reader_name"].ToString().Trim();
```

```
        Label3.Text =Request.QueryString["book_id"].ToString().Trim();
        Label4.Text =Request.QueryString["book_name"].ToString().Trim();
        Label5.Text =Request.QueryString["type_name"].ToString().Trim();
        Label6.Text =Request.QueryString["press"].ToString().Trim();
        Label7.Text =Request.QueryString["ptime"].ToString().Trim();
    }
}
```

"借阅"按钮的单击事件代码如下：

```
protected void Button1_Click(object sender, EventArgs e)
{
    ConnSql con =new ConnSql();
    con.RunSql("insert reader_book(reader_id,book_id) values('" +Label1.Text.
Trim() +"','" +Label3.Text.Trim() +"')");//添加数据到 reader_book 表
    Response.Redirect("BorrowedBooks.aspx");//添加成功后跳转到已借图书页面
}
```

"返回"链接用 HyperLink 控件实现，其源代码如下：

```
< asp: HyperLink ID =" HyperLink1" runat =" server" NavigateUrl =" BorrowBooks.
aspx" Target="mainframe">借书</asp:HyperLink>
```

4.3.4 设计修改密码页面

在 Reader 文件夹中添加名为 ChangePwd.aspx 的 Web 窗体，窗体设计视图如图 4-29 所示。

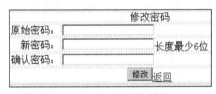

图 4-29 修改密码窗体设计视图

3 个文本框的 TextMode 属性均为 Password，输入密码和确认密码时要求长度大于或等于 6。

双击"修改"按钮，编写修改按钮的 Click 事件代码如下：

```
protected void Button1_Click(object sender, EventArgs e)
{
    ConnSql con =new ConnSql();
    if (TextBox1.Text =="")
        WebMessage.Show("输入初始密码!");
    else if (TextBox2.Text =="")
        WebMessage.Show("请输入密码!");
```

```
    else if (TextBox2.Text !=TextBox3.Text)
        WebMessage.Show("输入的两次密码不相同!");
    else if (TextBox2.Text.Length <6)
        WebMessage.Show("密码长度小于 6");
    else if (TextBox1.Text !=Session["pwd"].ToString())
        WebMessage.Show("你输入原始密码不正确!");
    else
    {
        con.RunSql("update readers set pwd='" +TextBox2.Text +"'where reader_
id='" +Session["uid"].ToString() +"'");
        Session["pwd"] =TextBox2.Text;//保存新密码到 Session
        WebMessage.Show("修改密码正确!", "BorrowedBooks.aspx");
    }
}
```

读者号 2021001 读者登录后的主页如图 4-30 所示。

图 4-30　读者主页预览

学习情境 5

网络论坛设计与开发

【能力要求】

- 掌握数据库应用系统的开发步骤。
- 学会母版页的使用方法。
- 学会调用存储过程的方法。

【任务分解】

- 任务 5-1 系统简介
- 任务 5-2 数据库设计
- 任务 5-3 详细设计

【重难点】

- 存储过程设计。
- 视图设计。
- 触发器设计。
- 系统页面设计。

任务 5-1 系统简介

5.1.1 开发工具简介

1. 系统架构

浏览器/服务器(Browser/Server,B/S)结构模式,是 Web 兴起后的一种网络结构模式,Web 浏览器是客户端最主要的应用软件。B/S 结构模式统一了客户端,将系统功能实现的核心部分集中到服务器上,简化了系统的开发、维护和使用。

B/S 结构模式最大的优点就是可以在任何地方进行操作而不用安装任何专门的软

件,只要有一台能上网的计算机就能使用,客户端零安装、零维护,扩展非常容易。

2. 部署环境需求

(1) 软件环境:SQL Server 2017 或更高版本的数据库管理系统;IIS;ASP.NET 4.0 组件。

(2) 硬件环境:1GB 或以上的内存,1GHz 或以上的 CPU。

5.1.2 系统功能图

使用"网络论坛"网站的用户有普通用户和管理员两种身份,系统功能如图 5-1 所示。

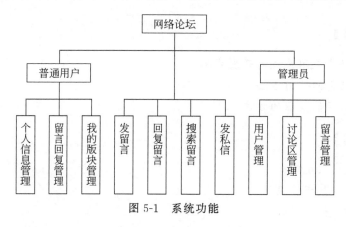

图 5-1 系统功能

任务 5-2 数据库设计

5.2.1 创建数据库

"网络论坛"网站的后台数据库名为 weblt,数据库管理系统版本为 SQL Server 2017,数据库中创建了用户表、讨论区表等数据表,详见 5.2.2。

5.2.2 数据表设计

1. 用户(users)表

users 表用于存储"网络论坛"网站的用户信息,各字段名称及其说明如表 5-1 所示。创建 users 表的创建语句如下:

```
CREATE TABLE users
(
```

表 5-1 users 表各字段名称及其说明

字 段 名	数据类型(宽度)	说　　明
uid	VARCHAR(16)	主键,用户名
pwd	VARCHAR(16)	密码,不允许空
lb	VARCHAR(2)	用户类别,user_lb 表外键
nickname	VARCHAR(20)	昵称
realname	VARCHAR(20)	真实姓名
sex	VARCHAR(2)	性别
pic	VARCHAR(20)	用户头像,要求只能用 jpg 格式
jf	INT	用户积分
tel	VARCHAR(11)	联系电话
email	VARCHAR(50)	电子邮箱
zx	BIT	是否在线,0 代表不在线,1 代表在线
IP	VARCHAR(50)	登录的 IP 地址
login_time	DATETIME	登录时间
last_time	DATETIME	上次登录时间
btime	DATETIME	用户注册时间

```
    uid VARCHAR(16) PRIMARY KEY,
    pwd VARCHAR(16) NOT NULL,
    lb VARCHAR(2) NOT NULL default 1,
    nickname VARCHAR(20) default '待定',
    realname VARCHAR(20) default '待定',
    sex CHAR(2) default '男',
    pic VARCHAR(20) default 'default.jpg',
    jf INT DEFAULT 20,
    tel VARCHAR(11) default '待定',
    email VARCHAR(50) default '待定',
    zx BIT DEFAULT 1,
    IP VARCHAR(50),
    login_time DATETIME default GETDATE(),
    last_time DATETIME default GETDATE(),
    btime DATETIME DEFAULT GETDATE()
)
```

2. 用户表类别(user_lb)表

user_lb 表用于存储"网络论坛"网站用户的类别信息,各字段名称及其说明如表 5-2

所示。

表 5-2　user_lb 表各字段名称及其说明

字 段 名	数据类型(宽度)	说　　明
lb	VARCHAR(2)	主键,类别编号
lbname	VARCHAR(10)	类别名

user_lb 表的创建语句如下:

```
CREATE TABLE user_lb
(
    lb VARCHAR(2) PRIMARY KEY,
    lbm VARCHAR(10)
)
```

user_lb 表中记录如图 5-2 所示。

3. 讨论区(domain)表

domain 表用于存储"网络论坛"网站中讨论区的信息,各字段名称及其说明如表 5-3 所示。

lb	lbm
1	普通用户
2	管理员
99	其他
NULL	NULL

图 5-2　user_lb 表中记录

表 5-3　domain 表各字段名称及其说明

字 段 名	数据类型(宽度)	说　　明
id	INT	讨论区编号,主键
name	VARCHAR(40)	讨论区名称(唯一键,不允许重复)
descrip	NVARCHAR(200)	讨论区描述
uid	VARCHAR(16)	讨论区版主,users 表的外键
btime	DATETIME	讨论区创建时间
pic	VARCHAR(15)	讨论区主题图片

Domain 表的创建语句如下:

```
CREATE TABLE domain
(
    id INT IDENTITY(1,1) PRIMARY KEY,
    name VARCHAR(40) unique,
    descrip NVARCHAR(200),
    uid VARCHAR(16),
    btime DATETIME DEFAULT GETDATE(),
    pic VARCHAR(10) default 'default.jpg'
)
```

4. 讨论区留言(ly)表

ly 表用于存储"网络论坛"网站留言的信息,各字段名称及其说明如表 5-4 所示。

表 5-4　ly 表各字段名称及其说明

字 段 名	数据类型(宽度)	说　　明
id	INT	留言编号
ly_content	NVARCHAR(800)	留言内容
uid	VARCHAR(16)	留言者,users 表外键
domainid	INT	所属讨论区,domain 表外键
btime	DATETIME	留言发布时间
listcount	INT	被浏览次数
postcount	INT	被回复次数

ly 表的创建语句如下:

```
CREATE TABLE ly
(
    id INT IDENTITY(1,1) PRIMARY KEY,
    ly_content NVARCHAR(800),
    uid VARCHAR(16) NOT NULL,
    domainid INT NOT NULL,
    btime DATETIME DEFAULT GETDATE(),
    listcount INT DEFAULT 0,
    postcount INT DEFAULT 0
)
```

5. 留言回复(lypost)表

lypost 表用于存储"网络论坛"网站留言的回复信息,各字段名称及其说明如表 5-5 所示。

表 5-5　lypost 表各字段名称及其说明

字 段 名	数据类型(宽度)	说　　明
id	INT	回复留言编号
post_content	NVARCHAR(800)	回复内容
uid	VARCHAR(16)	回复者,users 表外键
lyid	INT	所回复留言编号,ly 表外键
btime	DATETIME	回复时间

lypost 表的创建语句如下：

```
CREATE TABLE lypost
(
    id INT IDENTITY(1,1),
    post_content NVARCHAR(800),
    uid VARCHAR(16) NOT NULL,
    lyid INT NOT NULL,
    btime DATETIME DEFAULT GETDATE()
)
```

6. 版主申请（domain_apply）表

domain_apply 表用于存储"网络论坛"网站讨论区的版主申请信息，各字段名称及其说明如表 5-6 所示。

表 5-6　domain_apply 表各字段名称及其说明

字 段 名	数据类型（宽度）	说　　明
id	INT	申请编号
domainid	INT	申请版块，domain 表外键
uid	VARCHAR(16)	申请者，users 表外键
summary	NVARCHAR(800)	个人简介
btime	DATETIME	申请时间
flag	CHAR(1)	是否审核通过，0 表示未审核，1 表示审核通过，2 表示审核未通过

domain_apply 表的创建语句如下：

```
CREATE TABLE domain_apply
(
    id INT IDENTITY(1,1) PRIMARY KEY,
    domainid INT,
    uid VARCHAR(16),
    summary NVARCHAR(800),
    btime DATETIME,
    flag CHAR(1) DEFAULT 0
)
```

7. 私信（message）表

message 表用于存储用户之间私下交流的数据，各字段名称及其说明如表 5-7 所示。

表 5-7　message 表各字段名称及其说明

字 段 名	数据类型(宽度)	说　　　明
id	INT	私信编号
title	NVARCHAR(30)	私信标题,不超过 30 字
content	NVARCHAR(200)	私信内容,不超过 200 字
sender	VARCHAR(16)	私信发送者,users 表外键
touser	VARCHAR(16)	私信接收者,users 表外键
isread	BIT	是否已读,0 表示未读
btime	DATETIME	发送时间

message 表的创建语句如下:

```
CREATE TABLE message
(
    id INT IDENTITY(1,1) PRIMARY KEY,
    title NVARCHAR(30),
    content NVARCHAR(200),
    sender VARCHAR(16) NOT NULL,
    touser VARCHAR(16) NOT NULL,
    isread BIT DEFAULT 0,
    btime DATETIME DEFAULT GETDATE()
)
```

5.2.3　数据关系图

数据表间的主要关系如图 5-3 所示,部分数据表涉及嵌套引用而无法实现,可使用触发器实现完整性功能。

5.2.4　视图设计

1. 显示留言细节视图 lydetail

视图 lydetail 用于查询用户留言的详细信息,创建视图的 T-SQL 语句如下:

```
CREATE VIEW lydetail
AS
SELECT id lyid,ly_content ,nickname ,ly.uid ,domainid,ly .btime lydate,lbm,jf,
IP,pic FROM ly,users,user_lb WHERE ly .uid =users .uid AND user_lb .lb =users.lb
```

2. 显示回复留言的细节视图 postdetail

视图 postdetail 用于查询留言回复的详细信息,创建视图的 T-SQL 语句如下:

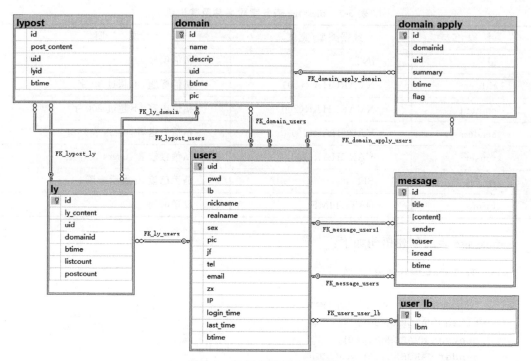

图 5-3 数据表间的主要关系

```
CREATE VIEW postdetail
AS
SELECT ly .id lyid,lypost .id postid,post_content , lypost .uid postuser,lbm,
jf,ip,lypost.btime postdate,pic FROM ly,lypost,users,user_lb WHERE ly .id=
lypost .lyid AND users.uid =lypost .uid AND users.lb=user_lb .lb
```

3. 显示私信细节视图 messagedetail

视图 messagedetail 用于查询私信的基本信息，创建视图的 T-SQL 语句如下：

```
CREATE VIEW messagedetail
AS
SELECT message.id, message.title, message.[content], message.sender, message.
touser, message.isread, message.btime FROM users INNER JOIN message ON users.
uid =message.sender
```

5.2.5 存储过程设计

1. 用户登录存储过程 UserLogin

将用户登录的实时数据更新到数据表，创建存储过程的 T-SQL 语句如下，论坛规定每天登录赠送 5 积分。

```sql
CREATE PROCEDURE UserLogin
@uid VARCHAR(16),@userip VARCHAR(50)--两个参数
AS
    DECLARE @last DATETIME--定义局部变量@last
    --将当前用户的上次登录时间赋值给局部变量
    SELECT @last=(SELECT last_time FROM users WHERE uid=@uid)
    --更新当前用户的登录时间、上次登录时间、登录 IP、在线状态信息
    UPDATE users SET login_time=GETDATE(),last_time=login_time,ip=@userip,zx=1 WHERE uid=@uid
        if(DATEDIFF(day,@last,GETDATE())>0)--如果当前登录时间和上次登录时间的天数不同
            UPDATE users SET jf=jf+5 WHERE uid=@uid--当前用户积分加 5
```

2. 添加留言存储过程 Add_ly

将留言内容添加到留言表,创建存储过程的 T-SQL 语句如下:

```sql
CREATE PROC Add_ly
@ly_content NVARCHAR(800),@uid VARCHAR(16),@domainid INT--三个参数
AS
  INSERT ly(ly_content,uid,domainid) VALUES (@ly_content,@uid,@domainid)
```

3. 回复留言存储过程 Add_lypost

将回复内容添加到留言回复表,并更新留言的回复量值,创建存储过程的 T-SQL 语句如下:

```sql
CREATE PROC Add_lypost
@post_content NVARCHAR(800), @uid VARCHAR(16),@lyid INT
AS
    --将回复内容添加到 lypost 表
    INSERT lypost(post_content,uid,lyid) VALUES (@post_content,@uid,@lyid)
    --ly 表中的回复量加 1
    UPDATE ly SET postcount=postcount+1 WHERE id=@lyid
```

4. 获取最新注册的 15 位用户的存储过程 Get_NewUsers

创建存储过程的 T-SQL 语句如下:

```sql
CREATE PROC Get_NewUsers
AS
  SELECT TOP 15 uid,nickname,convert(char,btime,5) regtime  FROM users ORDER BY btime desc
```

5. 获取积分最高的 15 位用户的存储过程 Get_MaxJfUsers

创建存储过程的 T-SQL 语句如下:

```
CREATE PROC Get_MaxJfUsers
AS
    SELECT TOP 15 uid,nickname,jf,convert(char,btime,5) regtime FROM users ORDER
BY jf DESC
```

5.2.6 触发器过程设计

使用触发器完成数据表间的完整性设计。

1. 删除用户的触发器 tr_users

该触发器的作用是"当删除 users 表中的记录时,相应地删除其他表中的对应记录",创建触发器的 T-SQL 语句如下:

```
CREATE TRIGGER tr_users ON users FOR DELETE
AS
    DELETE ly WHERE uid=(SELECT uid FROM deleted)--删除留言表中对应记录
    DELETE lypost WHERE uid=(SELECT uid FROM deleted)--删除留言回复表中对应记录
    DELETE domain_apply WHERE uid=(SELECT uid FROM deleted)--删除版主申请表中对应记录
    --删除消息表中的对应记录
    DELETE message where sender=(SELECT uid FROM deleted) or touser=(SELECT uid FROM deleted)
    --将所负责的讨论区版主清空
    UPDATE domain SET uid='' WHERE uid=(SELECT uid FROM deleted)
```

2. 删除讨论区的触发器 tr_domain

该触发器的作用是"当删除 domain 表中的记录时,将 ly 表、domain_apply 表中的对应记录删除",创建触发器的 T-SQL 语句如下:

```
CREATE TRIGGER tr_domain ON domain FOR DELETE
AS
    --删除留言表中该讨论区对应的所有留言
    DELETE ly WHERE domainid=(SELECT id FROM deleted)
    --删除版主申请表中对应的记录
    DELETE domain_apply WHERE domainid=(SELECT id FROM deleted)
```

3. 删除留言的触发器 tr_ly

该触发器的作用是"当删除 ly 表中的记录时,将 lypost 表中的对应记录删除",创建触发器的 T-SQL 语句如下:

```
CREATE TRIGGER tr_ly ON ly FOR DELETE
```

```
AS
DELETE lypost WHERE lyid=(SELECT id FROM deleted)
```

任务 5-3　详 细 设 计

5.3.1　数据库访问类设计

打开 Visual Studio,新建名为"网络论坛"的 ASP.NET 空白网站。

1. 为 web.config 文件中添加连接字符串节点

从"网络论坛"网站的"解决方案资源管理器"中打开 web.config 文件,为 ＜configuration＞添加子节点,代码如下：

```
<connectionStrings>
    <add name="webltcon" connectionString="server=.;initial catalog=weblt;
uid=sa;pwd=123456" providerName="System.Data.SqlClient"/>
  </connectionStrings>
```

2. 数据库访问类设计

为网站添加 ASP.NET 文件夹 App_Code,在 App_Code 文件夹中添加名为 DBOperate.cs 的 C♯类,用作数据库访问类,编写如下 C♯源码实现功能。

```
using System;
using System.Collections.Generic;
using System.Linq;
using System.Web;
using System.Configuration;          //为了能直接调用 ConfigurationManager
using System.Data.SqlClient;         //为了能直接调用 SqlConnection 和 SqlCommand
using System.Data;                   //为了能直接调用 DataTable
using System.Web.UI.WebControls;     //为了能直接调用 GridView
/// <summary>
/// DBOperate 的摘要说明
/// </summary>
public class DBOperate
{
     private readonly string constr = ConfigurationManager.ConnectionStrings
["webltcon"].ConnectionString;       //获取连接字符串
     private SqlConnection con;      //定义连接数据库类的实例
     private SqlCommand com;         //定义执行 SQL 命令的实例
     private SqlParameter param;     //定义参数实例
     public DBOperate()
```

```csharp
{
    //
    // TODO:在此处添加构造函数逻辑
    //
}
/// <summary>
///用于打开数据库连接
/// </summary>
public void Open()
{
    con = new SqlConnection(constr);
    con.Open();
}
/// <summary>
///用于关闭数据库连接
/// </summary>
public void Close()
{
    if (con != null)
    {
        con.Close();
        con.Dispose();
    }
}
/// <summary>
///用于执行不带返回值的 SQL 命令
/// </summary>
public void RunSql(string sqltext)
{
    Open();//打开数据库连接
    com = new SqlCommand(sqltext, con);      //调用构造函数初始化 com 对象
    com.ExecuteNonQuery();                   //执行 SQL 命令
    Close();//关闭数据库连接
}
/// <summary>
///用于执行返回 DataTable 类的 SQL 命令
/// </summary>
public DataTable RunSqlReturnTable(string sqltext)
{
    Open();//打开数据库连接
    SqlDataAdapter sda = new SqlDataAdapter(sqltext, con);
                                            //定义 SqlDataAdapter 类实例 sda
    DataTable table = new DataTable();      //定义名为 table 的 DataTable 类实例
    sda.Fill(table);//将 sda 中的数据装载进 table 中
```

```csharp
        Close();//关闭数据库连接
        return table;//返回 table
    }
    /// <summary>
    ///执行 SQL 语句,并返回第一行第一列结果
    /// </summary>
    public string RunSqlReturnString(string sqltext)
    {
        string strReturn = "";
        Open();//打开数据库连接
        com = new SqlCommand(sqltext, con);//调用构造函数初始化 com 对象
        strReturn = com.ExecuteScalar().ToString();//返回第一列结果
        Close();//关闭数据库连接
        return strReturn;//返回结果
    }
    /// <summary>
    ///将查询结果绑定到 GridView 控件
    /// </summary>
    public static void BindDG(GridView dg, string id, string strSql, string Tname)
    {
        //定义并初始化连接数据库对象 con
        SqlConnection con = new SqlConnection(ConfigurationManager.ConnectionStrings["webltcon"].ConnectionString);
        SqlDataAdapter sda = new SqlDataAdapter(strSql, con);
        DataSet ds = new DataSet();
        sda.Fill(ds, Tname);
        dg.DataSource = ds.Tables[Tname];
        dg.DataKeyNames = new string[] { id };
        dg.DataBind();
    }
    /// <summary>
    ///静态方法,执行带返回值的 SQL 语句,和 RunSQLReturnTable()相似
    /// </summary>
    public static DataTable ReturnTable(string sqltext)
    {
        DBOperate con = new DBOperate();
        DataTable table = new DataTable();
        table = con.RunSqlReturnTable(sqltext);
        return table;
    }
    /// <summary>
    ///静态方法,数据在指定表的指定列中是否存在
    /// </summary>
    public static bool Test_Data(string value, string tablename, string columnname)
```

```csharp
        {
            String strsql ="SELECT * FROM " +tablename +" WHERE " +columname + "='" + value +"'";
            DataTable table =new DataTable();
            DBOperate con =new DBOperate();
            table =con.RunSqlReturnTable(strsql);
            if (table.Rows.Count <=0)
                return true;
            else
                return false;
        }
        /// <summary>
        ///执行存储过程
        /// </summary>
        /// <param name="procName">存储过程的名称</param>
        /// <returns>返回存储过程返回值</returns>
        public int RunProc(string procName)
        {
            com =CreateCommand(procName, null);
            com.ExecuteNonQuery();
            Close();
            return (int)com.Parameters["ReturnValue"].Value;
        }
        /// <summary>
        ///执行存储过程
        /// </summary>
        /// <param name="procName">存储过程名称</param>
        /// <param name="prams">存储过程所需参数</param>
        /// <returns>返回存储过程返回值</returns>
        public int RunProc(string procName, SqlParameter[] prams)
        {
            com =CreateCommand(procName, prams);
            int rr =com.ExecuteNonQuery();
            Close();
            return (int)com.Parameters["ReturnValue"].Value;
        }
        /// <summary>
        ///创建一个 SqlCommand 对象以此来执行存储过程
        /// </summary>
        /// <param name="procName">存储过程的名称</param>
        /// <param name="prams">存储过程所需参数</param>
        /// <returns>返回 SqlCommand 对象</returns>
        private SqlCommand CreateCommand(string procName, SqlParameter[] prams)
        {
```

```csharp
            Open();//打开数据库连接
            com = new SqlCommand(procName, con);
            com.CommandType = CommandType.StoredProcedure;
            //依次把参数传入存储过程
            if (prams != null)
            {
                foreach (SqlParameter parameter in prams)
                    com.Parameters.Add(parameter);
            }
            //加入返回参数
            com.Parameters.Add(new SqlParameter("ReturnValue", SqlDbType.Int, 4,
ParameterDirection.ReturnValue, false, 0, 0, string.Empty, DataRowVersion.Default,
null));
            return com;
        }
        /// <summary>
        ///传入输入参数
        /// </summary>
        /// <param name="ParamName">存储过程名称</param>
        /// <param name="DbType">参数类型</param></param>
        /// <param name="Size">参数大小</param>
        /// <param name="Value">参数值</param>
        /// <returns>新的 parameter 对象</returns>
        public SqlParameter MakeInParam(string ParamName, SqlDbType DbType, int
Size, object Value)
        {
            return MakeParam(ParamName, DbType, Size, ParameterDirection.Input, Value);
        }
        /// <summary>
        ///生成存储过程参数
        /// </summary>
        /// <param name="ParamName">存储过程名称</param>
        /// <param name="DbType">参数类型</param>
        /// <param name="Size">参数大小</param>
        /// <param name="Direction">参数方向</param>
        /// <param name="Value">参数值</param>
        /// <returns>新的 parameter 对象</returns>
        public SqlParameter MakeParam(string ParamName, SqlDbType DbType, Int32
Size, ParameterDirection Direction, object Value)
        {
            if (Size > 0)
                param = new SqlParameter(ParamName, DbType, Size);
            else
```

```
        param =new SqlParameter(ParamName, DbType);
    param.Direction =Direction;
    if (!(Direction ==ParameterDirection.Output && Value ==null))
        param.Value =Value;
    return param;
    }
}
```

除了 DBOperate 类之外,为"网络论坛"网站添加"图书借阅系统"中的 WebMessage 类和 Yzm 类,用于弹出提醒对话框和生成随机验证码,这些类的代码请参考本书任务 2-5 和任务 3-6。

5.3.2　主题设计

主题是统一页面风格的方法之一,在网站的根目录下添加 ASP.NET 文件夹,类型选择"主题",会自动添加名为 App_Themes 的文件夹,将默认的该文件夹"主题1"名称修改为 CSS,在 CSS 文件夹中添加名为 btn1.jpg 的图片文件,作为按钮控件的背景图片。"解决方案资源管理器"中的 App_Themes 文件夹存储结构如图 5-4 所示。

图 5-4　App_Themes 文件夹存储结构

在 CSS 文件夹中添加名为 style1 的样式表文件,文件内容如下:

```
body {
}
```

```css
.BtnCss1 {
    border-style: none;
    border-color: inherit;
    border-width: medium;
    background: # D2D2B4 url('btn1.jpg') no-repeat 0 0;
    width: 75px;
    height: 35px;
    float: none;
    font: normal 11pt/21px 微软雅黑, Arial, Helvetica, sans-serif;
    color: # F2F2E2;
    cursor: pointer;
    margin: 4px 10px 0 0;
}

.LabelStyle1 {
    font-family:微软雅黑;
    font-size: 18pt;
    color: Blue;
}

.LabelStyle2 {
    font-family:微软雅黑;
    font-size: 14pt;
    color: blue;
}

.LabelStyle3 {
    font-family:微软雅黑;
    font-size: 12pt;
    color: green;
}

.TextBoxStyle1 {
    border: 1px solid blue;
    color: blue;
    font-family:微软雅黑;
    font-size: 12pt;
    padding-left: 4px;
}
```

5.3.3 用户控件设计

在网站的根目录下添加名为 UserControl 的文件夹，用于存储用户控件。对于窗体设计中用到的图片请参考本书电子资源"网络论坛"网站的 images 文件夹。"解决方案资源管理器"中的 UserControl 文件夹存储结构如图 5-5 所示。

1. 用户登录控件 Login.ascx 设计

在 UserControl 文件夹下添加名为 Login.ascx 的用户控件，用于用户登录，控件运行效果如图 5-6 所示。

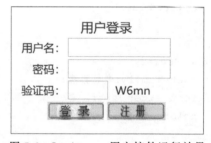

图 5-5　UserControl 文件夹存储结构　　图 5-6　Login.ascx 用户控件运行效果

Login.ascx 各控件名称及属性如表 5-8 所示。

表 5-8　Login.ascx 各控件名称及属性

控件 ID	属　　性	值	说　　明
Label1	Text	用户登录	
	CssClass	LabelStyle2	使用主题中的标签样式 2
Label2	Text	用户名：	
	CssClass	LabelStyle3	使用主题中的标签样式 3

续表

控件 ID	属 性	值	说 明
Label3	Text	密码：	
	CssClass	LabelStyle3	使用主题中的标签样式 3
Label4	Text	验证码：	
	CssClass	LabelStyle3	使用主题中的标签样式 3
TextBox1	MaxLength	16	输入用户名
TextBox2	MaxLength	16	输入密码
	TextMode	Password	密码用掩码显示
TextBox3	MaxLength	0	输入验证码
Button1	CssClass	LabelStyle3	显示验证码
	BackColor	White	背景白色
	BorderWidth	0px	边框大小为 0
ImageButton1	ImageUrl	～/images/Login.jpg	登录图片按钮
ImageButton2	ImageUrl	～/images/Reg.gif	注册图片按钮

为了让控件能使用主题 CSS 中的样式，需要在文件中加入＜link＞引用，Login.ascx 文件的源代码如下所示，其中登录和注册是图形按钮，图片可以自己设计，引用样式表代码见源代码中的＜link＞标签行。

```
<%@ Control Language="C#" AutoEventWireup="true" CodeFile="Login.ascx.cs"
Inherits="UserControl_Login" %>
<link href="../App_Themes/CSS/style1.css" rel="stylesheet" type="text/css" />
<table style="width: 300px; text-align: center">
    <tr>
        <td colspan="2">
            <asp:Label ID="Label4" runat="server" Text="用户登录" CssClass=
"LabelStyle2"></asp:Label>
        </td>
    </tr>
    <tr>
        <td style="text-align: right">
            <asp:Label ID="Label1" runat="server" Text="用户名：" CssClass=
"LabelStyle3"></asp:Label>
        </td>
        <td style="text-align: left;">
            <asp:TextBox ID="TextBox1" runat="server" TabIndex="1" CssClass=
"TextBoxStyle1"></asp:TextBox></td>
    </tr>
```

```html
        <tr>
            <td style="text-align: right">
                <asp:Label ID="Label2" runat="server" Text="密码:" CssClass="LabelStyle3"></asp:Label>
            </td>
            <td style="text-align: left;">
                <asp:TextBox ID="TextBox2" runat="server" TextMode="password" CssClass="TextBoxStyle1" TabIndex="2"></asp:TextBox></td>
        </tr>
        <tr>
            <td style="text-align: right">
                <asp:Label ID="Label3" runat="server"  Text="验证码:" CssClass="LabelStyle3"></asp:Label>
            </td>
            <td style="text-align: left;">
                <asp:TextBox ID="TextBox3" runat="server" Width="54px" CssClass="LabelStyle3" TabIndex="3"></asp:TextBox>
                <asp:Button ID="Button1" runat="server" Text="Button" CssClass="LabelStyle3" OnClick="Button1_Click"  BackColor="White" BorderWidth="0px" />
            </td>
        </tr>
        <tr>
            <td style="height: 12px; text-align: center" colspan="2">
                <asp:ImageButton ID="ImageButton1" runat="server" ImageUrl="~/images/Login.jpg" OnClick="ImageButton1_Click" TabIndex="4" />
                <asp:ImageButton ID="ImageButton2" runat="server" ImageUrl="~/images/Reg.gif" OnClick="ImageButton2_Click" />
            </td>
        </tr>
    </table>
```

用户登录控件的功能是判断用户名和密码的合法性,合法用户可跳转到之前所访问页面,脚本文件 Login.ascx.cs 的引用部分增加两条引用,如下:

```csharp
using System.Data.SqlClient;        //可直接使用数据库操作类
using System.Data;                  //添加引用后可直接使用 DataTable 等
```

定义本文档的公共变量,共 4 个,公共变量要写在所有方法代码的外面,代码如下:

```csharp
public partial class userControl_Login : System.Web.UI.UserControl
{
    DBOperate con =new DBOperate();
    string sqltext ="";
    DataTable table =new DataTable();
    private const string yhm ="@uid";
    private const string ipadress ="@userip";
```

}
```

页面加载事件的就是刷新验证码,代码如下:

```
protected void Page_Load(object sender, EventArgs e)
{
    if (!IsPostBack)
      Button1.Text = Yzm.CreateYzm(4);
}
```

验证码按钮的单击事件代码如下:

```
protected void Button1_Click(object sender, EventArgs e)
{
    Button1.Text = Yzm.CreateYzm(4);
}
```

图片按钮 ImageButton2 的单击事件代码如下所示,单击后可以跳转到注册页面。

```
protected void ImageButton2_Click(object sender, ImageClickEventArgs e)
{
    Response.Redirect("Regist.aspx");
}
```

自定义公共方法 UserLogin(),用于执行登录事件,调用在 SQL 中定义的存储过程 UserLogin,注意参数的传递。代码如下:

```
public bool UserLogin(string uid, string user_ip)
{
    SqlParameter[] prams = { con.MakeInParam(yhm, SqlDbType.VarChar, 16, uid),
    con.MakeInParam(ipadress, SqlDbType.VarChar, 50, user_ip), };
    try
    {
        con.RunProc("UserLogin", prams);//执行存储过程
        return true;
    }
    catch { return false; }
}
```

登录图片按钮 ImageButton1 的单击事件代码如下所示,判断用户名、密码、验证码的合法性及页面跳转。

```
protected void ImageButton1_Click(object sender, ImageClickEventArgs e)
{
    if (TextBox1.Text.Trim() == "")
        WebMessage.Show("请输入用户名!");
    else if (TextBox2.Text.Trim() == "")
        WebMessage.Show("请输入密码!");
```
```

```csharp
    else if (TextBox3.Text.Trim().ToUpper() !=Button1.Text.Trim().ToUpper())
        WebMessage.Show("验证码错误!");
    else
    {
        string user_ip =Request.UserHostAddress;//获取用户 IP 地址信息
        sqltext ="select * from users where uid='" +TextBox1.Text.Trim() +"'";
        table =con.RunSqlReturnTable(sqltext);
        if (table.Rows.Count <=0)
            WebMessage.Show("用户名错误!");
        else if (table.Rows[0][1].ToString() !=TextBox2.Text.Trim())
            WebMessage.Show("密码错误!");
        else if (Session["uid"] ==null || Session["uid"].ToString().Trim() =="")
        {
            UserLogin(TextBox1.Text.Trim(), user_ip);
                                    //调用 UserLogin()方法,代码见后
            Session["uid"] =TextBox1.Text.Trim();//存储用户名
            Session["pwd"] =TextBox2.Text.Trim();//存储密码
            Session["nickname"] =table.Rows[0]["nickname"].ToString().Trim();
                                    //存储昵称
            Session["jf"] =table.Rows[0]["jf"].ToString().Trim().ToString();
                                    //存储积分
            Session["realname"] =table.Rows[0]["realname"].ToString().Trim();
                                    //存储真实姓名
            Session["lb"] =table.Rows[0]["lb"].ToString().Trim();  //存储用户类型
            Session["sex"] =table.Rows[0]["sex"].ToString().Trim();//存储性别
            //存储上次登录时间
            Session["last_time"] = DateTime.Parse (table.Rows[0]["last_time"].ToString()).ToString("yyyy-MM-dd hh:mm:ss");
            //判断是跳转到上一次登录页还是首页
            if (Session["url"] ==null || Session["url"].ToString().Trim() =="")
                Response.Redirect("Default.aspx");
            else
                Response.Redirect(Session["url"].ToString());
        }
        else
            WebMessage.Show("请退出当前登录的用户!");
    }
}
```

2. menu.ascx 用户控件设计

在 UserControl 文件夹下添加名为 menu.ascx 的用户控件,用于显示登录用户信息、留言查询等,运行效果如图 5-7 所示。

menu.ascx 各控件名称及属性如表 5-9 所示。

图 5-7 menu.ascx 用户控件运行效果

表 5-9 menu.ascx 各控件名称及属性

控件类型	控件 ID	属性	值	说明
Label	State	Text	游客	用户状态,未登录是游客
Label	Jf	Text		显示用户积分
Label	Lasttime	Text		显示上次登录时间
LinkButton	User_Join	OnClick	user_join	注册超链接按钮
LinkButton	Exit	OnClick	logout	退出超链接按钮
HyperLink	Ms	NavigateUrl	../MessageList.aspx	连接到私信列表

为了让控件能使用主题 CSS 中的样式,需要在文件中加入＜link＞引用,menu.ascx 文件的源代码如下所示,各部分的宽度值可根据情况适当调整。

```
<%@ Control Language="C#" AutoEventWireup="true" CodeFile="menu.ascx.cs"
Inherits="UserControl_menu" %>
<link href="../App_Themes/CSS/style1.css" rel="stylesheet" type="text/css" />
<table style="width: 1000px;">
    <tr>
        <td style="width: 130px;">欢迎您:<asp:Label ID="State" runat="server"
Text="游客"></asp:Label></td>
        <td style="width: 100px;">积分:<asp:Label ID="Jf" runat="server" Text=
""></asp:Label></td>
        <td style="width: 240px;">
            <asp:Label ID="Lasttime" runat="server" Text=""></asp:Label></td>
        <td style="width: 50px;">
            < asp: LinkButton ID = "User_Join" runat = "server" OnClick = "user_
join">注册</asp:LinkButton></td>
        <td style="width: 50px;">
            < asp:LinkButton ID="Exit" runat="server" OnClick="logout">退出
</asp:LinkButton></td>
        <td style="width: 85px;">
            < asp: HyperLink ID =" Ms " runat =" server " NavigateUrl =
"../MessageList.aspx">私信</asp:HyperLink></td>
        <td style="width: 100px; text-align: right">
            <asp:Label ID="Label1" runat="server" Text="站内搜索:" CssClass=
"LabelStyle3"></asp:Label></td>
        <td>
            <asp:TextBox ID="search_txt" runat="server" CssClass= "TextBoxStyle1">
</asp:TextBox></td>
```

学习情境 5 网络论坛设计与开发

```
            <td>
                < asp: Button ID =" Button1" runat =" server" CssClass ="BtnCss1"
OnClick="Button1_Click" Text="搜一搜" /></td>
    </tr>
</table>
```

脚本文件 menu.ascx.cs 的主要代码如下：

```
public partial class UserControl_menu : System.Web.UI.UserControl
{
    DBOperate con =new DBOperate();
    protected void Page_Load(object sender, EventArgs e)
    {
        //判断是否登录,没登录状态显示为"游客",注册按钮显示,退出按钮隐藏
        if (Session["uid"] ==null || Session["uid"].ToString().Trim() =="")
        {
            State.Text ="游客";
            User_Join.Visible =true;
            Exit.Visible =false;
            Ms.Visible =false;
        }
        else//用户登录,则注册按钮隐藏,退出按钮显示
        {
            State.Text =Session["nickname"].ToString();    //欢迎消息显示用户昵称
            User_Join.Visible =false;
            Exit.Visible =true;
            Ms.Visible =true;
            Jf.Text =Session["jf"].ToString();
            //显示上次登录时间
            Lasttime.Text ="上次登录: " +DateTime.Now.ToString("yyyy-MM-dd hh:mm:ss");
            //显示用户私信信息
            if (Session["uid"].ToString() !=null)
            {
                //调用 RunSqlReturnString()方法,得到结果集中的第一行第一列值
                String ts = con.RunSqlReturnString("select count(id) from message where touser='" +Session["uid"].ToString() +"' and isread=0");
                if (ts !="0")
                    Ms.Text =ts +"条新私信";
            }
        }
    }
    protected void user_join(object sender, EventArgs e)
    {
        Response.Redirect("Regist.aspx");    //跳转到注册界面
```

```csharp
    }
    protected void logout(object sender, EventArgs e)
    {
        string userid =Session["uid"].ToString();        //获取Session["user_id"]的值
        string strsql =" update users set zx=0 where uid='" +userid +"'";
        con.RunSql(strsql);         //如果用户退出,修改用户在线信息为 0
        Session["uid"] =null;
        Session["pwd"] =null;
        Session["nickname"] ="";
        Session["jf"] ="";
        Session["realname"] ="";          //session值均设为空
        Session["url"] =null;
        Session["last_time"] ="";
        State.Text ="游客";
        User_Join.Visible =true;
        Exit.Visible =false;
        Ms.Visible =false;
        Ms.Text ="私信";
        Response.Redirect("Default.aspx");          //跳转到首页界面
    }
    protected void Button1_Click(object sender, EventArgs e)
    {
        if (search_txt.Text.Trim().Length <=0)
            search_txt.Text ="请输入";
        else if (search_txt.Text.Trim().Length >0 && search_txt.Text.Trim() !="请输入")
        {
            string searchtxt =search_txt.Text;
            Response.Redirect("SearchResult.aspx? search_txt=" +searchtxt);
        }
    }
}
```

3. HotDomain.ascx 用户控件设计

在 UserControl 文件夹下添加名为 HotDomain.ascx 的用户控件,用于显示热门讨论区,用户控件"源视图"中的源代码如下:

```
<%@ Control Language="C# " AutoEventWireup="true" CodeFile="HotDomain.ascx.cs" Inherits="userControl_HotDomain" %>
<asp:Label ID="Label1" runat="server" Font-Bold="True" Font-Names="微软雅黑" Font-Size="12pt" ForeColor="# 0066FF" Text="热门讨论区"></asp:Label>
<br/>
< asp: GridView ID ="HotDomain" runat ="server" AutoGenerateColumns ="False" BorderWidth="0px" ShowHeader="False" Width="230px"
```

```
            <Columns>
                <asp:TemplateField>
                    <ItemTemplate>
                        <asp:Image ID="Image1" runat="server" ImageUrl="~/images/fwd.gif" />
                        < a href='Ly_List.aspx?domainid=<%# Eval("domainid") %>'>
<%# Eval("name") %></a>
                        <asp:Image ID="Image2" runat="server" ImageUrl="~/images/new.gif" />
                    </ItemTemplate>
                </asp:TemplateField>
            </Columns>
</asp:GridView>
```

HotDomain.ascx 文件的页面加载代码如下：

```
protected void Page_Load(object sender, EventArgs e)
{
    //调用 DBOperate 类的 Re 方法获取最热讨论区的信息
    HotDomain.DataSource = DBOperate.Re("select top 5 domainid,COUNT(*) lysl,
name=(select name from domain where id=domainid ) from ly group by domainid
order by 2 desc").DefaultView;
    HotDomain.DataBind();//将数据绑定到控件
}
```

4. MaxJfUsers.ascx 用户控件设计

在 UserControl 文件夹下添加名为 MaxJfUsers.ascx 的用户控件，用于显示积分最高的 15 位用户的信息，GridView 控件的数据源调用存储过程 Get_MaxJfUsers，配置数据源的关键步骤如图 5-8 所示。

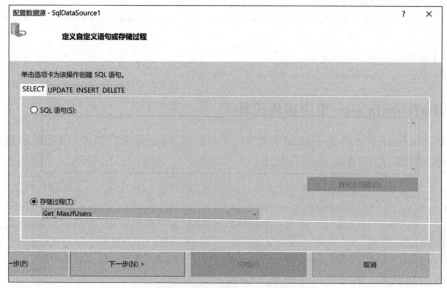

图 5-8　自定义存储过程设置

MaxJfUsers.ascx 用户控件的源代码如下：

```
<%@Control Language="C#" AutoEventWireup="true" CodeFile="MaxJfUsers.ascx.cs" Inherits="UserControl_MaxJfUsers" %>
<table style="width: 200px;">
    <tr>
        <td style="text-align: center; border-bottom: 1px; border-bottom-color: Blue;">
            <asp:Label ID="Label1" runat="server" Font-Bold="True" Font-Names="微软雅黑" Font-Size="13pt" ForeColor="#0066FF" Text="积分排行榜"></asp:Label>
        </td>
    </tr>
    <tr>
        <td>
            <asp:GridView ID="GridView1" runat="server" AutoGenerateColumns="False" DataKeyNames="uid" DataSourceID="newusers" ShowHeader="True" Font-Size="12pt" BorderStyle="None" ForeColor="Blue" GridLines="Horizontal" AllowPaging="True" PageSize="5" Width="250px">
                <Columns>
                    <asp:BoundField DataField="uid" HeaderText="用户名" ReadOnly="True" SortExpression="uid" />
                    <asp:BoundField DataField="jf" HeaderText="积分" SortExpression="jf" />
                </Columns>
                <PagerStyle HorizontalAlign="Center" />
                <RowStyle HorizontalAlign="Center" />
            </asp:GridView>
        </td>
    </tr>
</table>
<asp:SqlDataSource ID="newusers" runat="server" ConnectionString="<%$ ConnectionStrings:webltcon %>" SelectCommand="Get_MaxJfUsers" SelectCommandType="StoredProcedure"></asp:SqlDataSource>
```

5. NewUsers.ascx 用户控件设计

在 UserControl 文件夹下添加名为 NewUsers.ascx 的用户控件，用于显示最新注册的 15 位用户的信息，GridView 控件调用存储过程 Get_NewUsers，设置方法与 MaxJfUsers.ascx 的相同，源代码如下：

```
<%@Control Language="C#" AutoEventWireup="true" CodeFile="NewUsers.ascx.cs" Inherits="userControl_NewUsers" %>
<table>
    <tr>
```

```
            <td style="text-align: center; border-bottom: 1px; border-bottom-
color: Blue;">
                <asp:Label ID="Label1" runat="server" Font-Bold="True" Font-Names=
"微软雅黑" Font-Size="13pt" ForeColor="#0066FF" Text="欢迎新朋友"></asp:
Label>
            </td>
        </tr>
        <tr>
            <td>
                <asp:GridView ID="GridView2" runat="server" AutoGenerateColumns=
"False" DataKeyNames="uid" DataSourceID="newusers" ShowHeader="True" Font-
Size="12pt" BorderStyle="None" ForeColor="Blue" GridLines="Horizontal"
AllowPaging="True" PageSize="5" Width="250px">
                    <Columns>
                        <asp:BoundField DataField="uid" HeaderText="用户名"
ReadOnly="True" SortExpression="uid" />
                        <asp:BoundField DataField="nickname" HeaderText="昵称"
SortExpression="nickname" />
                    </Columns>
                    <FooterStyle HorizontalAlign="Center" />
                    <HeaderStyle BorderStyle="None" />
                    <PagerStyle HorizontalAlign="Center" />
                    <RowStyle HorizontalAlign="Center" />
                </asp:GridView>
            </td>
        </tr>
</table>
<asp:SqlDataSource ID="newusers" runat="server" ConnectionString="<%$
ConnectionStrings:webltcon %>" SelectCommand="Get_NewUsers" SelectCommandType=
"StoredProcedure"></asp:SqlDataSource>
```

部分用户控件在浏览器中的预览样式如图 5-9 所示。

5.3.4 母版页设计

母版页是统一网站风格、快速布局的方法之一，在"网络论坛"网站的根目录下添加名为 Main.master 的母版页，为母版页增加 5 行 1 列、宽度为 1000 像素、居中对齐的表格。第 1 行显示 logo.jpg 图片。

先设置第 2 行的背景色，本书颜色是 #cec，读者可根据自己网站的风格选择想要的颜色；然后加入 3 个超链接导航，分别链接到首页、讨论区和管理入口的地址，第 2 行的源代码如下：

```
<tr style="background-color: #cec">
```

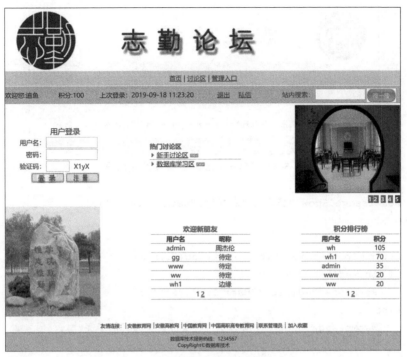

图 5-9　部分用户控件预览样式

```
    <td>
        <a href="Default.aspx">首页</a> | 
        <a href="Domain_Default.aspx" target="_blank">讨论区</a> | 
        <asp:LinkButton ID="LinkButton1" runat="server" OnClick="LinkButton1_Click">管理入口</asp:LinkButton>
    </td>
</tr>
```

先设置第 3 行的颜色,然后添加 UserControl 中的 menu.ascx 用户控件。

第 4 行是容器区,此行是窗体继承母版页后可编辑的区域,源代码如下:

```
<tr>
    <td >
        <asp:ContentPlaceHolder ID="ContentPlaceHolder1" runat="server">
        </asp:ContentPlaceHolder>
    </td>
</tr>
```

第 5 行加入 Bottom 控件,母版页设计视图如图 5-10 所示。

母版页中管理入口链接按钮的 Click 单击事件代码如下:

```
protected void LinkButton1_Click(object sender, EventArgs e)
{
    if (Session["uid"] ==null || Session["uid"].ToString().Trim() =="")
```

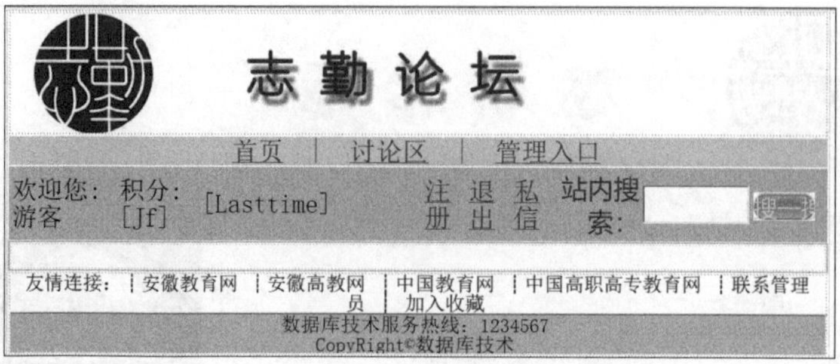

图 5-10 Main.master 母版页设计视图

```
        WebMessage.Show("登录后再点我!","Default.aspx");
    else
    {
        string lb = Session["lb"].ToString().Trim();
        if (lb =="1"|| lb =="2")
            Response.Redirect("User_Info.aspx");
        else
            WebMessage.Show("注册时是否将身份设置为其他了呢?");
    }
}
```

5.3.5　用户注册页面设计

在网站根目录下添加名为 Regist.aspx 的 Web 窗体，勾选"选择母版页"复选框，并选择 Main.master 母版页，这里选择轻松注册的方式，当用户注册后可修改自己的性别、头像等信息。Regist.aspx 窗体的运行效果如图 5-11 所示。

图 5-11　Regist.aspx 窗体的运行效果

Regist.aspx 窗体的 ImageButton1 可以检测用户名是否重复,其单击事件代码如下:

```
protected void ImageButton2_Click(object sender, ImageClickEventArgs e)
{
    if (TextBox1.Text.Length ==0)
        WebMessage.Show("请输入用户名!");
    else
    {
         string alters = DBOperate.Test_Data(TextBox1.Text.Trim(), "users", "uid")?"恭喜您,该用户名没有被注册!":"很抱歉,该用户名已经被注册,请重新选择!";
        WebMessage.Show(alters);
    }
}
```

ImageButton2 实现注册功能,单击事件代码如下:

```
protected void ImageButton1_Click(object sender, ImageClickEventArgs e)
{
    if ((TextBox1.Text =="") || (TextBox2.Text ==""))//用户名密码不能为空
        WebMessage.Show("用户名或密码不能为空!");
    else if (TextBox2.Text !=TextBox3.Text)
        WebMessage.Show("两次输入的密码不一致!");
    else if (DBOperate.Test_Data(TextBox1.Text.Trim(), "users", "uid"))
    {
        DBOperate con =new DBOperate();
         con.RunSql(" insert users (uid, pwd, lb) values ('" + TextBox1.Text.Trim()+"','" +TextBox2.Text.Trim() +"','" + (DropDownList1.SelectedIndex +1).ToString () +"')");
        Session["uid"] =TextBox1.Text.Trim();
        Session["pwd"] =TextBox2.Text.Trim();
        Session["nc"] ="待定";
        Session["jf"] ="20";
        WebMessage.Show("注册成功,请记住用户名和密码,并赠送你 20 积分!", "Default.aspx");
    }
    else
        WebMessage.Show("用户名重复! 请重新注册");
}
```

5.3.6 首页设计

在网站根目录下添加名为 Default.aspx 的 Web 窗体,继承 Main.master 母版页,作为网站首页。为用户区添加 2 行 3 列、宽度 1000 像素的表格,第 1 行第 1 列单元格添加 Login.ascx 用户控件,第 1 行第 2 列单元格添加 HotDomain.ascx 用户控件,第 1 行第 3

列单元格添加 News.ascx 用户控件,第 2 行第 1 列单元格添加一幅图片,第 2 行第 2 列单元格添加 NewUsers.ascx 用户控件,第 2 行第 3 列单元格添加 MaxJfUsers.ascx 用户控件。窗体的源代码如下:

```
<%@ Page Title="" Language="C#" MasterPageFile="Main.master" AutoEventWireup=
"true" CodeFile="Default.aspx.cs" Inherits="index" %>
<%@ Register Src="userControl/Login.ascx" TagName="Login" TagPrefix="uc1" %>
<%@ Register Src ="userControl/HotDomain.ascx" TagName ="HotDomain" TagPrefix =
"uc2" %>
<%@ Register Src="userControl/News.ascx" TagName="News" TagPrefix="uc3" %>
<%@ Register Src="userControl/NewUsers.ascx" TagName="NewUsers" TagPrefix="uc4" %>
<%@ Register Src="userControl/MaxJfUsers.ascx" TagName="MaxJfUsers" TagPrefix=
"uc5" %>
<asp:Content ID="Content1" ContentPlaceHolderID="ContentPlaceHolder1" runat=
"Server">
    <table width="1000px">
        <tr>
            <td>
                <uc1:Login ID="login1" runat="server" /></td>
            <td>
                <uc2:HotDomain ID="HotDomain1" runat="server" /></td>
            <td align="right">
                <uc3:News ID="News1" runat="server" /></td>
        </tr>
        <tr>
            <td>
                <img src="images/校训.jpg" /></td>
            <td>
                <uc4:NewUsers ID="NewUsers1" runat="server" /></td>
            <td align="right">
                <uc5:MaxJfUsers ID="MaxJfUsers1" runat="server" /></td>
        </tr>
    </table>
</asp:Content>
```

5.3.7 讨论区设计

1. 讨论区主页设计

"网络论坛"有首页、讨论区和管理入口 3 个模块,在网站的根目录下添加 Domain_Default.aspx 窗体,作为讨论区的主页,需要继承 Main.master 母版页,为窗体增加 2 行 1 列、宽度为 1000 像素的表格,第 1 行添加 DataList 数据控件,修改自动套用格式并修改源代码,重点修改<ItemTemplate>部分,代码如下:

```
<asp:DataList ID="DataList1" runat="server" CellPadding="0" BackColor=
"White" BorderStyle="None" GridLines="Horizontal">
  <FooterStyle BackColor="# B5C7DE" ForeColor="# 4A3C8C" />
  <SelectedItemStyle BackColor="# 738A9C" ForeColor="# F7F7F7" Font-Bold="True" />
  <ItemStyle BackColor="# E7E7FF" ForeColor="# 4A3C8C" />
  <AlternatingItemStyle BackColor="# F7F7F7" />
  <HeaderStyle BackColor="# 4A3C8C" Font-Bold="True" ForeColor="# F7F7F7" />
  <ItemTemplate>
    <table style="width:1000px">
      <tr>
          <td style="height: 40px; width: 200px;"><a href="Ly_List.aspx?domainid=<%# Eval("id") %>"><%# Eval("name") %></a></td>
          <td style="width: 200px">讨论区负责人:  <a href="Add_Message.aspx?uid=<%# Eval("uid") %>"><%# Eval("uid") %></a></td>
         <td>讨论区创建于:  <%# Eval("btime") %></td>
      </tr>
      <tr>
          <td><img src="images/domain/<%# Eval("pic") %>" height="150px" width="150px" /></td>
          <td colspan="2"><a href='Ly_List.aspx?domainid=<%# Eval("id") %>'><%# Eval("descrip") %></a></td>
      </tr>
    </table>
  </ItemTemplate>
</asp:DataList>
```

第2行添加4个图片按钮控件,控制翻页功能,源代码如下:

```
<asp:ImageButton ID="ImageButton1" runat="server" ImageUrl="~/images/first.jpg" OnClick="ImageButton1_Click" />
<asp:ImageButton ID="ImageButton2" runat="server" ImageUrl="~/images/up.jpg" OnClick="ImageButton2_Click" />
<asp:ImageButton ID="ImageButton3" runat="server" ImageUrl="~/images/next.jpg" OnClick="ImageButton3_Click" />
<asp:ImageButton ID="ImageButton4" runat="server" ImageUrl="~/images/end.jpg" OnClick="ImageButton4_Click" />
当前页:<asp:Label ID="Label1" runat="server" Text="1"></asp:Label>
总页数:<asp:Label ID=" Label2" runat="server" Text="1"></asp:Label>
```

第2行设计的视图效果如图5-12所示。

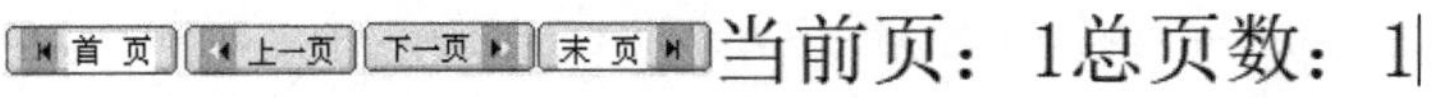

图5-12 第2行设计的视图效果

打开窗体脚本文件,添加3条引用的代码如下:

```
using System.Data.SqlClient;
using System.Data;
using System.Configuration;
```

定义公共变量 endPage 的代码如下：

```
int endPage;
```

添加私有方法 DataListBind()，将 weblt 数据库 domain 表中的记录绑定到 DataList 数据控件，代码如下：

```
private void DataListBind()
{
    int curPage = int.Parse(Label1.Text) - 1;        //获取当前页码
    SqlConnection con = new SqlConnection(ConfigurationManager.ConnectionStrings
["webltcon"].ConnectionString);
    con.Open();
    SqlDataAdapter sda = new SqlDataAdapter("select * from domain", con);
    DataSet ds = new DataSet();
    sda.Fill(ds, "index");
    PagedDataSource ps = new PagedDataSource();     //实例化分页数据源
    ps.DataSource = ds.Tables["index"].DefaultView; //将要绑定在 DataList 上的
DataTable 赋值给分页数据源
    ps.AllowPaging = true;
    ps.PageSize = 5;                                //每页显示记录条数
    ps.CurrentPageIndex = curPage;                  //设置当前页的索引
    ImageButton1.Enabled = true;
    ImageButton2.Enabled = true;
    ImageButton3.Enabled = true;
    ImageButton4.Enabled = true;
    endPage = ps.PageCount;                         //文档公共变量
    Label2.Text = endPage.ToString();
    if (curPage == 0)                               //当是第一页时，上一页和首页的按钮不可用
    {
        ImageButton1.Enabled = false;
        ImageButton2.Enabled = false;
        ImageButton1.ImageUrl = "~/images/first1.jpg";
        ImageButton2.ImageUrl = "~/images/up1.jpg";
    }
    if (curPage == ps.PageCount - 1)   //当是最后一页时，下一页和最后一页的按钮不可用
    {
        ImageButton3.Enabled = false;
        ImageButton4.Enabled = false;
        ImageButton3.ImageUrl = "~/images/next1.jpg";
        ImageButton4.ImageUrl = "~/images/end1.jpg";
    }
```

```
    if (ps.PageCount ==1)
    {
        ImageButton1.Visible =false;
        ImageButton2.Visible =false;
        ImageButton3.Visible =false;
        ImageButton4.Visible =false;
    }
    DataList1.DataSource =ps;
    DataList1.DataKeyField ="id";
    DataList1.DataBind();
}
```

页面加载事件 Page_Load()代码如下：

```
protected void Page_Load(object sender, EventArgs e)
{
    if(!IsPostBack)
    {
        DataListBind();
    }
}
```

图片按钮控件 ImageButton1 的单击事件代码如下：

```
protected void ImageButton1_Click(object sender, ImageClickEventArgs e)
{
    Label1 .Text ="1";
    ImageButton1.ImageUrl ="~/images/first1.jpg";
    ImageButton2.ImageUrl ="~/images/up1.jpg";
    ImageButton3.ImageUrl ="~/images/next.jpg";
    ImageButton4.ImageUrl ="~/images/end.jpg";
    DataListBind();
}
```

另外 3 个图片按钮的单击事件与 ImageButton1 相似，读者可自己设计或查看本书的电子资源。

Domain_Default.aspx 窗体的运行效果如图 5-13 所示。

2. 讨论区留言浏览功能设计

在网站根目录下添加 Ly_List.aspx 窗体，继承 Main.master 母版页，用于浏览讨论区中的留言，为窗体增加 2 行 1 列、宽度为 1000 像素的表格，第 1 行添加 GridView 数据控件，修改自动套用格式并修改源代码，重点修改 Columns 部分，代码如下：

```
<Columns>
    <asp:BoundField DataField="id" HeaderText="id" Visible="False" />
    <asp:TemplateField HeaderText="主题">
```

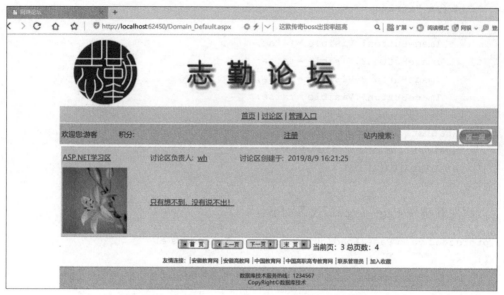

图 5-13　Domain_Default.aspx 窗体的运行效果

```
        <ItemTemplate>
            < a href = 'BrowsePost.aspx? lyid=<%# Eval("id") %>&domainid=
<%# Eval("domainid") %>' target="_blank"><%# Eval("主题")%>
            </a>
        </ItemTemplate>
    </asp:TemplateField>
    <asp:BoundField DataField="浏览量" HeaderText="浏览量" />
    <asp:BoundField DataField="回复量" HeaderText="回复量" />
    <asp:BoundField DataField="发布人" HeaderText="发布人" />
    <asp:BoundField DataField="留言时间" HeaderText="留言时间" />
    <asp:CommandField HeaderText="删除" ShowDeleteButton="True" Visible="False" />
</Columns>
```

第 2 行添加发表留言图片按钮。

窗体加载事件代码如下,作用是为 GridView 控件添加数据源。

```
protected void Page_Load(object sender, EventArgs e)
{
    int domainid =int.Parse(Request.QueryString["domainid"].ToString());
    string strsql ="select id,ly_content 主题,ly.uid 发布人,ly.btime 留言时间,
listcount 浏览量,postcount 回复量,domainid from ly,users where users.uid =ly.
uid and domainid=" +domainid +"";
    DBOperate.BindDG(GridView1, "id", strsql, "ly");
    //本人发布的留言则显示删除按钮
    if (Session["uid"] !=null && Session["uid"].ToString().Trim() !="")
    {
        string uid =Session["uid"].ToString().Trim();
```

```
            String admin = con.RunSqlReturnString("select uid from domain where id=" +domainid);
        if (admin ==uid)
            GridView1.Columns[6].Visible =true;        //显示删除按钮
        else
            GridView1.Columns[6].Visible =false;       //隐藏删除按钮
    }
}
```

第 2 行的发表留言按钮的单击事件代码如下:

```
protected void ImageButton1_Click(object sender, ImageClickEventArgs e)
{
    string domainid =Request.QueryString["domainid"].ToString();
    Session["domainid"] =domainid;
    Response.Redirect("Ly_Add.aspx? domainid=" +domainid);
}
```

GridView 控件的删除行代码如下:

```
protected void gvStuInfo_RowDeleting(object sender, GridViewDeleteEventArgs e)
{
    int id =(int)GridView1.DataKeys[e.RowIndex].Value;
    string str ="delete from ly where id=" +id +"";
    con.RunSql(str);
    int domainid =int.Parse(Request.QueryString["domainid"].ToString());
    string strsql ="select id,ly_content 主题,ly.uid 发布人,ly.btime 留言时间,listcount 浏览量,postcount 回复量,domainid from ly,users where users.uid =ly.uid and domainid=" +domainid +"";
    DBOperate.BindDG(GridView1, "id", strsql, "ly");
}
```

Bbsly.aspx 窗体在浏览器中预览样式如图 5-14 所示。

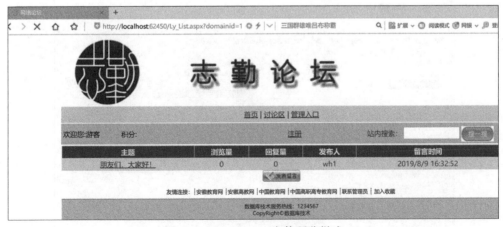

图 5-14　Bbsly.aspx 窗体预览样式

3. 留言详情功能设计

在网站根目录下添加 BrowsePost.aspx 窗体，继承 Main.master 母版页，用于显示留言以及和留言相关的回复内容，为窗体添加 3 行 1 列、宽度 1000 像素的表格，在第 1 行和第 2 行分别添加两个 GridView 控件，控件 ID 分别为 GridView1 和 GridView2，自行调整控件样式。

配置 GridView1 的数据源，数据源名为 SqlDataSource1，在自定义语句时，SQL 语句编写如图 5-15 所示，其中 lydetail 是视图。

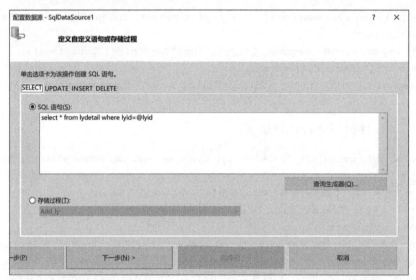

图 5-15　自定义 SQL 语句

SQL 语句中设置了局部变量@lyid，"定义参数"对话框设置如图 5-16 所示。

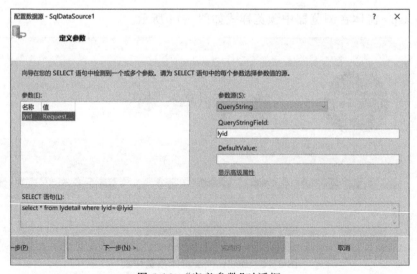

图 5-16　"定义参数"对话框

配好数据源之后,修改 GridView1 的<Columns>标签内容,代码如下:

```
<Columns>
<asp:TemplateField>
    <ItemTemplate>
        <table style="width: 1000px;">
            <tr>
                <td style="text-align: center; width: 150px;">
                    <img src="images/users/<%# Eval("pic") %>" width="100px" height="100px" /></td>
                <td><%# Eval("ly_content") %></td>
            </tr>
            <tr>
                <td colspan="2">留言者:<%# Eval("nickname") %>用户类型:<%# Eval("lbm") %>用户积分:<%# Eval("jf") %>留言时间:<%# Eval("lydate") %></td>
            </tr>
        </table>
    </ItemTemplate>
</asp:TemplateField>
<asp:CommandField ShowDeleteButton="True" Visible="False" />
</Columns>
```

GridView2 数据控件显示本条留言对应的回复内容,数据源名称为 SqlDataSource2,自定义 SQL 语句为"select * from postdetail where lyid=@lyid",其中 postdetail 是视图名,参数定义和 SqlDataSource1 相同,<Columns>标签的内容与 GridView1 相似,显示的是回复内容以及回复者的信息,读者可参考本书电子资源完成或自行设计。

第 3 行添加 1 行 3 列的表格,用于回复该留言。运行效果如图 5-17 所示。

图 5-17　回复留言设计

BrowsePost.aspx 窗体的页面加载代码如下所示,获取从 Ly_List 窗体传递过来的参数,并根据参数判断是否要显示删除按钮。

```
protected void Page_Load(object sender, EventArgs e)
{
    DBOperate con =new DBOperate();
    int lyid =int.Parse(Request.QueryString["lyid"].ToString());
```

```
//留言的浏览量加 1
con.RunSql("update ly set listcount=listcount+1 where id='" +lyid +"'");
//页面初始化信息
if (Session["uid"] !=null && Session["uid"].ToString() !="")
{
    string uid =Session["uid"].ToString().Trim();
    int domainid =int.Parse(Request.QueryString["domainid"].ToString());
    String admin =con.RunSqlReturnString("select uid from domain where id=" +
domainid);
    String lyuser =con.RunSqlReturnString("select uid from ly where id =" +lyid);
    if (admin ==uid)  //如果登录用户是讨论区的管理者
    {
        GridView1.Columns[1].Visible =true;
        GridView2.Columns[1].Visible =true;
    }
    else if (lyuser ==uid)  //如果登录用户是该留言的发布者
    {
        GridView1.Columns[1].Visible =true;
        GridView2.Columns[1].Visible =true;
    }
    else//删除按钮隐藏
    {
        GridView1.Columns[1].Visible =false;
        GridView2.Columns[1].Visible =false;
    }
}
```

回复留言按钮的 Click 事件代码如下,调用 Add_lypost 存储过程添加回复内容到 lypost 表。

```
protected void ImageButton1_Click(object sender, ImageClickEventArgs e)
{
    DBOperate con =new DBOperate();
    int lyid =int.Parse(Request.QueryString["lyid"].ToString().Trim());
    int domainid =int.Parse(Request.QueryString["domainid"].ToString().Trim());
    if (Session["uid"] ==null || Session["uid"].ToString().Trim() =="")
    {
        Session["url"] ="BrowsePost.aspx? lyid="+lyid +"&domainid="+domainid;
                                                                //存储当前页面
        WebMessage.Show("请登录后再回复!", "Default.aspx");
    }
    else if (TextBox1.Text.Length >800 || TextBox1.Text.Length <10)
        WebMessage.Show("回复内容太多或太少");
    else
```

```
            {
               //留言回复量+1
               con.RunSql("update ly set postcount=postcount+1 where id='" +Request.QueryString["lyid"].ToString() +"'");
                  System.Data.SqlClient.SqlParameter[] prams ={
                con.MakeInParam("@post_content", System.Data.SqlDbType.NVarChar, 800, TextBox1.Text.Trim()),
                 con.MakeInParam ( " @ uid " , System. Data. SqlDbType. VarChar, 16, Session["uid"].ToString().Trim() ),
                con.MakeInParam("@lyid",System.Data.SqlDbType .Int ,4,lyid ),
                };
               con.RunProc("Add_lypost", prams);//调用存储过程 Add_lypost
               WebMessage.Show("回复成功!", "BrowsePost.aspx? lyid=" + lyid +"&domainid=" +domainid);
            }
        }
```

BrowsePost.aspx 窗体的运行效果如图 5-18 所示。

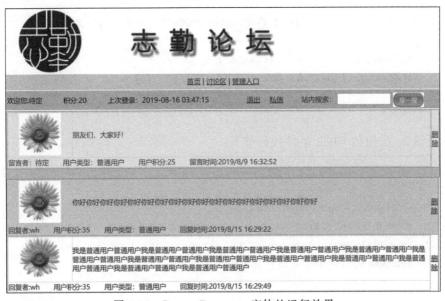

图 5-18 BrowsePost.aspx 窗体的运行效果

4. 发表留言功能设计

在网站根目录下添加 Ly_Add.aspx 窗体,用于发表留言,游客不能访问该窗体,需登录后才可以访问,发表留言窗体的运行效果如图 5-19 所示。

Ly_Add 窗体的页面加载事件代码如下,实现页面安全验证,用户需要登录后才可以发表留言。

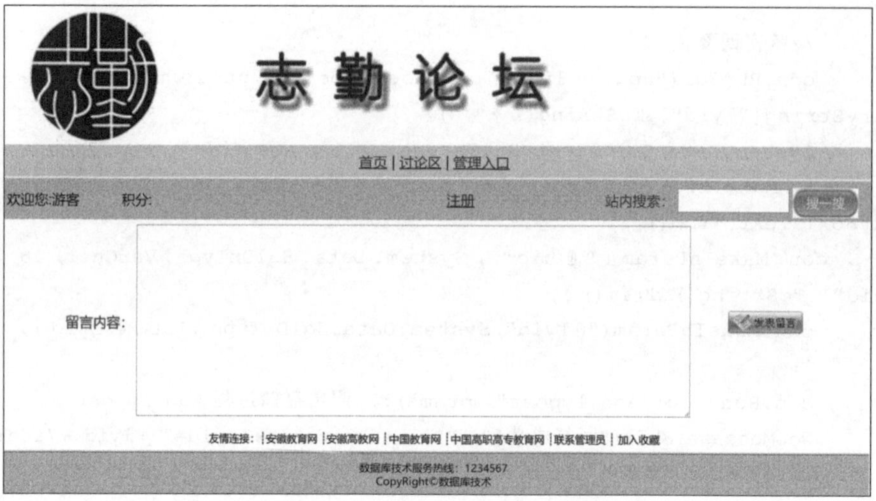

图 5-19 发表留言窗体的运行效果

```
protected void Page_Load(object sender, EventArgs e)
{
    if (Session["uid"] ==null || Session["uid"].ToString().Trim() =="")
    {
        Session["url"] ="Ly_List.aspx";
        WebMessage.Show("请登录后再留言","Default.aspx");
    }
}
```

"发表留言"按钮的 Click 事件代码如下:

```
protected void ImageButton1_Click(object sender, ImageClickEventArgs e)
{
    DBOperate con =new DBOperate();
    int domainid =int.Parse(Request.QueryString["domainid"].ToString().Trim());
    if (TextBox1.Text.Length >800 || TextBox1.Text.Length <10)
        WebMessage.Show("留言内容太多或太少");
    else
    {
        System.Data.SqlClient.SqlParameter[] prams ={con.MakeInParam("@ly_content",System.Data.SqlDbType.NVarChar,800,TextBox1.Text.Trim()),con.MakeInParam("@uid",System.Data.SqlDbType.VarChar,16,Session["uid"].ToString().Trim()),con.MakeInParam("@domainid",System.Data.SqlDbType.Int,4,domainid),};
        con.RunProc("Add_ly",prams);//调用存储过程 Add_ly
        WebMessage.Show("留言成功!","Ly_List.aspx?domainid=" +domainid);
    }
}
```

5.3.8 管理功能设计

1. 母版页设计

在网站根目录下添加名为 Manage.master 的母版页文件，继承 Main.master 母版页，效果如图 5-20 所示，上下部分继承自 Main.master 母版页，中间的导航部分是 Manage.master 母版页的主体，左侧是导航区，右侧是用户信息区，导航区中的查询、修改等链接全部使用 HyperLink 控件实现，这里省略设计过程。

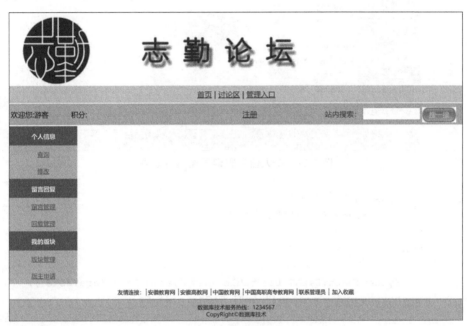

图 5-20 Manage.master 母版页效果

2. 个人信息管理设计

个人信息管理功能包括个人信息查询和个人信息修改两项功能。

（1）个人信息查询功能设计。

在网站根目录下新建 User_Info.aspx 窗体，继承 Manage.master 母版页，显示当前登录用户的个人信息。页面运行效果如图 5-21 所示。

页面加载事件是功能设计重点，其代码如下：

```
protected void Page_Load(object sender, EventArgs e)
{
    if (!IsPostBack)
    {
        if (Session["uid"] ==null || Session["uid"].ToString().Trim() =="")
        {
```

图 5-21 个人信息查询页面运行效果

```
            Session["url"] ="User_Info.aspx";
            WebMessage.Show("请登录", "Default.aspx");
        }
        else
        {
            System.Data.DataTable table =new System.Data.DataTable();
            string uid =Session["uid"].ToString().Trim();
             string sqltext ="select uid , nickname, realname , sex, jf, IP, login_
time , last_time , lbm, btime, pic from users inner join user_lb on user_lb .lb =
users.lb where uid='" +uid +"'";
            table =DBOperate.ReturnTable(sqltext);
            Label1.Text =table.Rows[0]["uid"].ToString().Trim();
            Label2.Text =table.Rows[0]["nickname"].ToString().Trim();
            Label3.Text =table.Rows[0]["realname"].ToString().Trim();
            Label4.Text =table.Rows[0]["sex"].ToString().Trim();
            Label5.Text =table.Rows[0]["jf"].ToString().Trim();
            Label6.Text =table.Rows[0]["login_time"].ToString().Trim();
            Label7.Text =table.Rows[0]["last_time"].ToString().Trim();
            Label8.Text =table.Rows[0]["lbm"].ToString().Trim();
            Label9.Text =table.Rows[0]["btime"].ToString().Trim();
            Image1.ImageUrl ="images/users/" +table.Rows[0]["pic"].ToString().Trim();
        }
    }
}
```

（2）个人信息修改功能设计。

在网站中添加名为 User_InfoChange.aspx 的窗体,继承 Manage.master 母版页,用于修改当前登录用户的个人信息,页面运行效果如图 5-22 所示。

图 5-22　修改个人信息页面运行效果

窗体加载事件代码如下:

```
protected void Page_Load(object sender, EventArgs e)
{
    if (IsPostBack ==false)
    {
        if (Session["uid"] ==null || Session["uid"].ToString().Trim() =="")
        {
            Session["url"] ="User_InfoChange.aspx";
            WebMessage.Show("请登录", "Default.aspx");
        }
        else
        {
            TextBox1.Text =Session["nickname"].ToString().Trim();
            TextBox2.Text =Session["realname"].ToString().Trim();
            DropDownList1.SelectedValue =Session["sex"].ToString().Trim();
        }
    }
}
```

"修改"按钮的代码如下,当原始密码文本框为空时,不修改密码。

```
protected void ImageButton1_Click(object sender, ImageClickEventArgs e)
{
```

```csharp
DBOperate con = new DBOperate();
string sqltext;
if (Session["uid"] ==null || Session["uid"].ToString().Trim() =="")
{
    Session["url"] = "User_InfoChange.aspx";
    WebMessage.Show("请登录", "Default.aspx");
}
else if (TextBox3.Text.Trim() =="") //此时不修改密码
{
    sqltext = "update users set nickname='" + TextBox1.Text.Trim() + "',realname='" + TextBox2.Text.Trim() + "',sex='" + DropDownList1.SelectedValue.ToString().Trim() +"' where uid='" + Session["uid"].ToString().Trim() +"'";
    con.RunSql(sqltext);
    Session["nickname"] = TextBox1.Text.Trim();
    Session["realname"] = TextBox2.Text.Trim();
    Session["sex"] = DropDownList1.SelectedValue.ToString().Trim();
    WebMessage.Show("修改成功!", "User_Info.aspx");
}
else if (TextBox3.Text.Trim() !="") //要修改密码
{
    if (TextBox3.Text.Trim() != Session["pwd"].ToString().Trim())
        WebMessage.Show("原始密码不正确!");
    else if (TextBox4.Text.Trim() != TextBox5.Text.Trim())
        WebMessage.Show("新密码与确认密码不正确!");
    else if (TextBox4.Text.Trim().Length < 6)
        WebMessage.Show("新密码长度要大于 6 位!");
    else
    {
        sqltext = "update users set nickname='" + TextBox1.Text.Trim() + "',realname='" + TextBox2.Text.Trim() + "',sex='" + DropDownList1.SelectedValue.ToString().Trim() +"' ,pwd='" + TextBox4.Text.Trim() +"' where uid='" + Session["uid"].ToString().Trim() +"'";
        con.RunSql(sqltext);
        Session["nickname"] = TextBox1.Text.Trim();
        Session["realname"] = TextBox2.Text.Trim();
        Session["sex"] = DropDownList1.SelectedValue.ToString().Trim();
        Session["pwd"] = TextBox4.Text.Trim();
        WebMessage.Show("修改成功!", "User_Info.aspx");
    }
}
}
```

修改头像是超链接,在网站中新建 User_ImageChange.aspx 窗体,用于修改用户头像,页面运行效果如图 5-23 所示。

图 5-23　修改头像页面运行效果

窗体使用了文件上传控件 FileUpload，源代码如下：

```
<%@ Page Title="" Language="C#" MasterPageFile="~/Manage.master" AutoEventWireup="true" CodeFile="User_ImageChange.aspx.cs" Inherits="User_ImageChange" %>
<asp:Content ID="Content1" ContentPlaceHolderID="ContentPlaceHolder1" runat="Server">
    <table>
        <tr>
            <td align="right">头像：</td>
            <td>
                <asp:Image ID="Image1" runat="server" ImageUrl="~/images/upimg.jpg" Width="100px" Height="100px" />
            </td>
        </tr>
        <tr>
            <td align="right">新头像：</td>
            <td>
                <asp:FileUpload ID="FileUpload1" runat="server" Width="150px" />
                <asp:Button ID="Button1" runat="server" Text="保存" OnClick="Button1_Click" />
            </td>
        </tr>
    </table>
</asp:Content>
```

窗体加载事件代码如下：

```csharp
protected void Page_Load(object sender, EventArgs e)
{
    if (IsPostBack ==false)
    {
        if (Session["uid"] ==null || Session["uid"].ToString().Trim() =="")
        {
            Session["url"] ="User_InfoChange.aspx";
            WebMessage.Show("请登录", "Default.aspx");
        }
        else
        {
            DBOperate con =new DBOperate();
            string pic = con.RunSqlReturnString("select pic from users where uid='" +Session["uid"].ToString().Trim() +"'");
            Image1.ImageUrl ="images/users/" +pic;
        }
    }
}
```

"保存"按钮的单击事件代码如下：

```csharp
protected void Button1_Click(object sender, EventArgs e)
{
    string path =Server.MapPath("images/users/");  //上传文件路径,上传文件扩展名
    //取得文件的扩展名
    string fileExtension = System.IO.Path.GetExtension(FileUpload1.PostedFile.FileName).ToLower();
    //文件详细名称
    path =path +Session["uid"].ToString() +fileExtension;
    if (fileExtension !=".jpg" && fileExtension !=".gif")
        WebMessage.Show("只能上传 jpg 或 gif 文件");
    else if (FileUpload1.PostedFile.ContentLength >120400)
        WebMessage.Show("错误!!文件大小不能超过 100KB!");
    else
    {
        FileUpload1.PostedFile.SaveAs(path);       //存储文件到磁盘
        DBOperate con =new DBOperate();
        //修改 users 表中的 pic 字段
        con.RunSql("update users set pic='" + Session["uid"].ToString() + fileExtension +"' where uid='" +Session["uid"].ToString().Trim() +"'");
        //重新加载头像
        Image1.ImageUrl = "images/users/" + Session["uid"].ToString() + fileExtension;
    }
}
```

3. 留言管理功能设计

为网站添加名为 LyManage.aspx 的窗体,用于管理当前登录用户的留言,窗体运行效果如图 5-24 所示。

图 5-24　留言管理页面运行效果

留言内容显示在 GridView 控件中,配置数据源时要自定义 SELECT 语句,如图 5-25 所示。

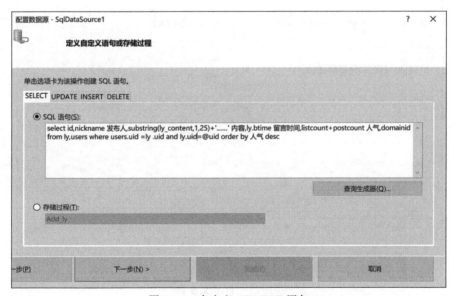

图 5-25　自定义 SELECT 语句

除了自定义 SELECT 语句，还要同时定义 DELETE 语句，用于删除本人的留言，如图 5-26 所示。

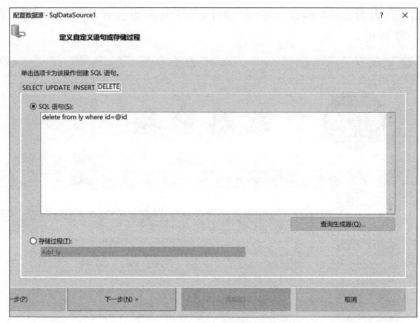

图 5-26　自定义 DELETE 语句

SELECT 语句中的参数@uid 定义如图 5-27 所示，DELETE 语句中的参数@id 无须重新定义，表示留言的 id。

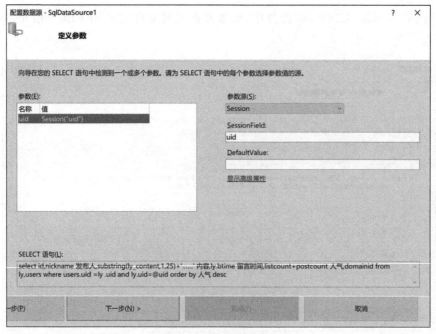

图 5-27　自定义参数

GridView 控件宽度、分页等功能可以使用属性设置，数据源控件的主要源代码如下：

```
<asp:GridView ID=" GridView1" runat="server" AllowPaging="True" AllowSorting=
"True" AutoGenerateColumns="False" CellPadding="4" DataKeyNames="id" Width=
"850px" DataSourceID="SqlDataSource1" PageSize="30" ForeColor="# 333333"
GridLines="None">
    <Columns>
        <asp:BoundField DataField="id" HeaderText="id" Visible="False" />
        <asp:BoundField DataField="人气" HeaderText="人气" SortExpression="人气" />
        <asp:BoundField DataField="留言时间" HeaderText="留言时间" SortExpre-
ssion="留言时间" />
        <asp:BoundField DataField="内容" HeaderText="内容" SortExpression="内容" />
        <asp:CommandField HeaderText="删除" ShowDeleteButton="True" />
    </Columns>
</asp:GridView>
```

窗体加载事件代码如下：

```
protected void Page_Load(object sender, EventArgs e)
{
    if (Session["uid"] ==null || Session["uid"].ToString().Trim() =="")
    {
        Session["url"] ="LyManage.aspx";
        WebMessage.Show("请登录", "Default.aspx");
    }
    else if (Session["lb"].ToString() =="2")     //如果登录用户是管理员,可管理所有留言
        SqlDataSource1.SelectCommand = "select id, nickname 发布人, substring
(ly_content,1,25) + '......' 内容, ly.btime 留言时间, listcount + postcount 人气,
domainid from ly,users where users.uid =ly.uid order by 人气 desc";
}
```

"发表留言"按钮用于跳转到发表留言页面，记得传递 domainid 参数，代码请读者自己编写。留言回复管理窗体 PostManage.aspx 的设计与留言管理窗体相似，用于管理当前登录用户的回复内容，详细设计本书不再介绍。

4. 我的版块功能设计

(1) 版块管理功能设计。

为网站添加名为 DomainManage.aspx 的窗体，管理当前登录用户的版块。如果当前登录用户是管理员，可以管理所有版块，并可添加版块；如果当前用户是普通用户，只能管理自己是版主的版块。版块管理页面运行效果如图 5-28 所示。

主要部分仍使用 GridView 控件实现，主要源代码如下：

```
<asp:GridView ID="GridView1" runat="server" AllowPaging="True" AllowSorting=
"True" AutoGenerateColumns="False" CellPadding="4" DataKeyNames="id" Width=
"850px" DataSourceID="SqlDataSource1" PageSize="5" GridLines="None">
```

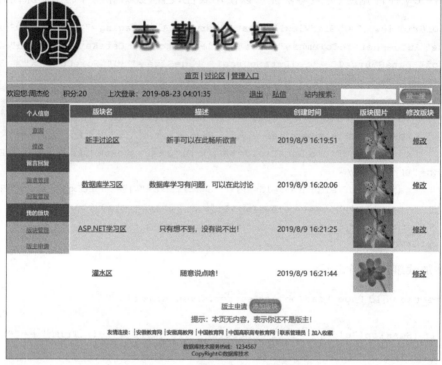

图 5-28 版块管理页面运行效果

```
<Columns>
    <asp:BoundField DataField="id" HeaderText="id" Visible="False" />
    <asp:TemplateField HeaderText="版块名">
        <ItemTemplate>
            <a href='Ly_List.aspx?domainid=<%# Eval("id") %>'><%# Eval("name") %></a>
        </ItemTemplate>
    </asp:TemplateField>
    <asp:BoundField DataField="descrip" HeaderText="描述" />
    <asp:BoundField DataField="btime" HeaderText="创建时间" />
    <asp:TemplateField HeaderText="版块图片">
        <ItemTemplate>
            <img src="../images/domain/<%# Eval("pic") %>" height="90px" width="90px" />
        </ItemTemplate>
    </asp:TemplateField>
    <asp:TemplateField HeaderText="修改版块">
        <ItemTemplate>
            <a href='Domain_Edit.aspx?domainid=<%# Eval("id") %>'>修改</a>
        </ItemTemplate>
    </asp:TemplateField>
```

```
            </Columns>
        </asp:GridView>
```

GridView1 的数据源 SqlDataSource1 的自定义语句如图 5-29 所示，参数来自 Session 的 uid，"版主申请"超链接链接到 DomainGet.aspx 窗体。

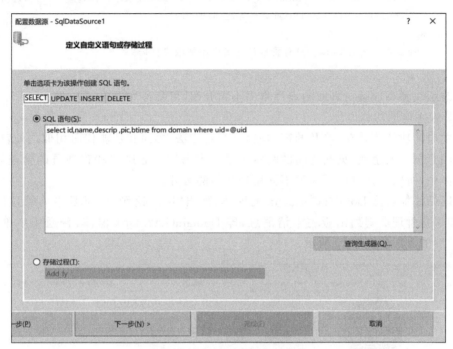

图 5-29　自定义 SELECT 语句

DomainManage.aspx 窗体的页面加载事件代码如下：

```
protected void Page_Load(object sender, EventArgs e)
{
    if (Session["uid"] ==null || Session["uid"].ToString().Trim() =="")
    {
        Session["url"] ="DomainManage.aspx";
        WebMessage.Show("请登录", "Default.aspx");
    }
    else if (Session["lb"].ToString() =="2")//如果登录用户是管理员，可管理所有留言
        SqlDataSource1.SelectCommand = " select id, name, descrip , pic, btime from domain";
}
```

"添加版块"按钮的 Click 事件代码如下：

```
protected void Button1_Click(object sender, EventArgs e)
{
    if (Session["uid"] ==null || Session["uid"].ToString().Trim() =="")
```

```
        {
            Session["url"] ="DomainManage.aspx";
            WebMessage.Show("请登录", "Default.aspx");
        }
        else if (Session["lb"].ToString() =="2")    //如果登录用户是管理员,可管理所有留言
            Response.Redirect("Domain_Add.aspx");
        else
            WebMessage.Show("只有管理员才可以添加版块!");
    }
```

修改版块和添加版块页面的设计本书不再介绍,可参考本书电子资源。

(2) 版主申请功能设计。

版主申请功能较繁杂,涉及的窗体较多,实现方法、界面和功能代码相似之处较多,设计中要注意页面安全性、页面之间的跳转关系。本书把普通用户和管理员的管理都放在同一窗体中,所以设计时还要注意不同用户功能的区分。

为网站添加名为 DomainGet.aspx 的窗体,列出"网络论坛"中不是本人管理的版块信息,如果是管理员则列出版主申请消息,即 DomainGet2.aspx 窗体,普通用户单击"版主申请"后的界面如图 5-30 所示。

图 5-30 普通用户"版主申请"界面

窗体的关键源代码如下:

```
< asp:GridView ID="GridView1" runat="server" AllowPaging="True" AllowSorting=
"True" AutoGenerateColumns="False" CellPadding="4" DataKeyNames="id" Width=
"850px" DataSourceID =" SqlDataSource1" PageSize =" 5" ForeColor =" # 333333"
```

```
            GridLines="None">
                <Columns>
                    <asp:BoundField DataField="id" HeaderText="id" Visible="False" />
                    <asp:TemplateField HeaderText="版块名">
                        <ItemTemplate>
                            <a href='Ly_List.aspx?domainid=<%# Eval("id") %>'><%# Eval("name") %></a>
                        </ItemTemplate>
                    </asp:TemplateField>
                    <asp:BoundField DataField="descrip" HeaderText="描述" />
                    <asp:BoundField DataField="btime" HeaderText="创建时间" />
                    <asp:BoundField DataField="uid" HeaderText="当前版主" />
                    <asp:TemplateField HeaderText="申请版主">
                        <ItemTemplate>
                            <a href='DomainGet1.aspx?domainid=<%# Eval("id") %>'>申请</a>
                        </ItemTemplate>
                    </asp:TemplateField>
                </Columns>
        </asp:GridView>
        <asp:SqlDataSource ID="SqlDataSource1" runat="server" ConnectionString="<%$ ConnectionStrings:webltcon %>"
            SelectCommand="select id, name, descrip , pic, btime, uid from domain where uid!=@uid or uid is null">
            <SelectParameters>
                <asp:SessionParameter Name="uid" SessionField="uid" />
            </SelectParameters>
        </asp:SqlDataSource>
```

DomainGet.aspx 窗体的加载事件代码如下：

```
protected void Page_Load(object sender, EventArgs e)
{
    if (IsPostBack ==false)
    {
        if (Session["uid"] ==null || Session["uid"].ToString().Trim() =="")
        {
            Session["url"] ="DomainGet.aspx";
            WebMessage.Show("请登录", "Default.aspx");
        }
        else if (Session["lb"].ToString() =="2")   //如果是管理员则跳转到申请详情窗体
            Response.Redirect("DomainGet2.aspx");
    }
}
```

为网站添加名为 DomainGet1.aspx 的窗体，填写申请版主的内容，单击图 5-30 界面中的"申请详情"链接可打开 DomainGet1.aspx 窗体,运行效果如图 5-31 所示。

图 5-31　单击"申请详情"链接后的页面运行效果

DomainGet1.aspx 窗体的加载事件代码如下:

```
protected void Page_Load(object sender, EventArgs e)
{
    if (IsPostBack ==false)
    {
        if (Session["uid"] ==null || Session["uid"].ToString().Trim() =="")
        {
            Session["url"] ="DomainGet1.aspx? domainid=" +int.Parse(Request.QueryString["domainid"].ToString().Trim());
            WebMessage.Show("请登录", "Default.aspx");
        }
        else
        {
            System.Data.DataTable table =new System.Data.DataTable();
            table =DBOperate.ReturnTable("select * from domain where id=" +Request.QueryString["domainid"].ToString().Trim());
            Label1.Text =table.Rows[0]["name"].ToString().Trim();
        }
    }
}
```

"发送"按钮的单击事件代码如下,将填写的内容添加到 domain_apply 表中。

```
protected void Button1_Click(object sender, EventArgs e)
{
    int domainid =int.Parse(Request.QueryString["domainid"].ToString().Trim());
    if (Session["uid"] ==null || Session["uid"].ToString().Trim() =="")
    {
        Session["url"] ="DomainGet1.aspx?domainid=" +domainid;
        WebMessage.Show("请登录", "Default.aspx");
    }
    else
    {
        System.Data.DataTable table =new System.Data.DataTable();
        DBOperate con =new DBOperate();
        table =con.RunSqlReturnTable("select * from domain_apply where uid='"
+Session["uid"].ToString().Trim() +"' and domainid=" +domainid);
        if (table.Rows.Count >0)
            WebMessage.Show("你已经提交过申请,不可重复提交!", "DomainGet.aspx");
        else
        {
            if (TextBox1.Text.Trim().Length >400)
                WebMessage.Show("个人简介字数多于400,请修改再试!");
            else
            {
                con.RunSql("insert domain_apply(domainid,uid,summary) values
(" +domainid +",'" +Session["uid"].ToString().Trim() +"','" +TextBox1.Text.
Trim() +"')");
                WebMessage.Show("申请成功,耐心等待审核!", "DomainGet.aspx");
            }
        }
    }
}
```

版主申请成功后,应该还可以查看处理结果,在网站中添加DomainGet2.aspx窗体,运行效果如图5-32所示。

DomainGet2.aspx窗体中的关键源代码如下:

```
<Columns>
    <asp:BoundField DataField="id" HeaderText="id" Visible="False" />
    <asp:BoundField DataField="name" HeaderText="版块名" />
    <asp:BoundField DataField="sqr" HeaderText="申请人" />
    <asp:BoundField DataField="bz" HeaderText="当前版主" />
    <asp:TemplateField HeaderText="审核情况">
    <ItemStyle HorizontalAlign="Center" Width="60px" />
        <ItemTemplate>
            <%# Getstatus(Convert.ToString(Eval("flag"))) %>
        </ItemTemplate>
```

图 5-32 版主申请处理结果页面

```
        </asp:TemplateField>
        <asp:BoundField DataField="summary" HeaderText="申请人简介" ItemStyle-Width="300px">
            <ItemStyle Width="300px"></ItemStyle>
        </asp:BoundField>
        <asp:TemplateField HeaderText="修改申请">
            <ItemTemplate>
                <a href='UpdateDomainGet.aspx?id=<%# Eval("id") %>&domainid=<%# Eval("domainid") %>'>修改</a>
            </ItemTemplate>
        </asp:TemplateField>
        <asp:TemplateField HeaderText="审核申请">
            <ItemTemplate>
                <a href='AcessDomainGet.aspx?id=<%# Eval("id") %>&name=<%# Eval("name") %>&domainid=<%# Eval("domainid") %>'>审核</a>
            </ItemTemplate>
        </asp:TemplateField>
</Columns>
<!--此处是数据源配置情况-->
<asp:SqlDataSource ID="SqlDataSource1" runat="server" ConnectionString="<%$ConnectionStrings:webltcon %>"
    SelectCommand="select domain_apply.id, domainid , domain_apply.uid sqr, summary, flag ,name,domain.uid bz from domain_apply,domain  where domain .id = domain_apply.domainid and domain_apply.uid=@uid">
```

```
        <SelectParameters>
            <asp:SessionParameter Name="uid" SessionField="uid" />
        </SelectParameters>
</asp:SqlDataSource>
```

DomainGet2.aspx 窗体的脚本代码如下,Getstatus()方法用于获取 domain_apply 表中的状态数据并转换为汉字。

```
protected void Page_Load(object sender, EventArgs e)
{
    if (IsPostBack ==false)
    {
        if (Session["uid"] ==null || Session["uid"].ToString().Trim() =="")
        {
            Session["url"] ="DomainGet2.aspx";
            WebMessage.Show("请登录", "Default.aspx");
        }
        else if(Session ["lb"].ToString ()=="2")    //如果是管理员,显示所有人的版主申请
            SqlDataSource1.SelectCommand = "select domain_apply.id, domainid , domain_apply.uid sqr, summary, flag, name, domain.uid bz from domain_apply, domain  where domain .id =domain_apply.domainid";
    }
}
public string Getstatus(string flag)
{
    if (flag =="0")
        return "未审核";
    else if (flag =="1")
        return "审核并通过";
    else
        return "审核未通过";
}
```

接下来是 AcessDomainGet.aspx 窗体,运行效果如图 5-33 所示。

AcessDomainGet.aspx 窗体的页面加载事件代码如下:

```
protected void Page_Load(object sender, EventArgs e)
{
    if (IsPostBack ==false)
    {
        if (Session["uid"] ==null || Session["uid"].ToString().Trim() =="")
        {
            Session ["url"] = "AcessDomainGet. aspx? id=" + Request. QueryString ["id"].ToString().Trim () +"&name=" +Request.QueryString["name"].ToString().Trim();
            WebMessage.Show("请登录", "Default.aspx");
        }
```

图 5-33　版主申请审核页面

```
        else if (Session["lb"].ToString() =="2")
        {
            Label2.Text =Request.QueryString["name"].ToString().Trim();
            DBOperate con =new DBOperate();
            System.Data.DataTable table =new System.Data.DataTable();
            table = con.RunSqlReturnTable("select * from domain_apply where id=" +Request.QueryString["id"].ToString().Trim());
            Label1.Text =table.Rows[0]["uid"].ToString().Trim();
            TextBox1.Text =table.Rows[0]["summary"].ToString().Trim();
        }
        else
            WebMessage.Show("管理员才有审核权限!", "DomainGet2.aspx");
    }
}
```

"同意"按钮的单击事件代码如下：

```
protected void Button1_Click(object sender, EventArgs e)
{
    int id =int.Parse(Request.QueryString["id"].ToString().Trim());
    int domainid =int.Parse(Request.QueryString["domainid"].ToString().Trim());
    string sqltext1 = "update domain set uid = '" + Label1.Text.Trim () + "' where id="+domainid;
    DBOperate con =new DBOperate();
    //设置申请标记为同意
```

```
con.RunSql("update domain_apply set flag=1 where id=" +id);
//修改版块的管理员
con.RunSql("update domain set uid='" +Label1.Text.Trim() +"' where id=" +domainid);
WebMessage.Show("你同意该用户的申请", "DomainGet2.aspx");
}
```

"不同意"按钮的单击事件代码如下：

```
protected void no_Click(object sender, EventArgs e)
{
    int id =int.Parse(Request.QueryString["id"].ToString().Trim());
    DBOperate con =new DBOperate();
    //设置申请标记为审核未同意
    con.RunSql("update domain_apply set flag='2' where id=" +id);
    WebMessage.Show("你不同意该用户的申请", "DomainGet2.aspx");
}
```

修改版主申请页面读者可参考本书电子资源自行设计。

5.3.9 私信功能设计

1. 私信浏览功能设计

用户登录后在导航栏部分可以看到私信链接，打开该链接可以查看和当前登录用户相关的私信。

在网站根目录下添加 MessageList.aspx 窗体，继承 Main.master 母版页，用于浏览和用户相关的私信内容，窗体运行效果如图 5-34 所示。

图 5-34　私信浏览页面

私信浏览使用 GridView 控件实现，核心源代码如下：

```
<Columns>
    <asp:BoundField DataField="id" HeaderText="编号" ReadOnly="True" SortExpression="id" />
    <asp:HyperLinkField DataNavigateUrlFields="id" DataNavigateUrlFormatString="MessageDetail.aspx?id={0}" DataTextField="title" HeaderText="标题" />
    <asp:BoundField DataField="sender" HeaderText="发送人" SortExpression="sender" />
    <asp:BoundField DataField="touser" HeaderText="接收人" SortExpression="touser" />
    <asp:TemplateField HeaderText="状态">
        <ItemStyle HorizontalAlign="Center" Width="60px" />
        <ItemTemplate>
            <%# Getstatus(Convert.ToString(Eval("isread"))) %>
        </ItemTemplate>
    </asp:TemplateField>
    <asp:BoundField DataField="btime" HeaderText="接收时间" SortExpression="btime" />
    <asp:CommandField ShowDeleteButton="True" />
</Columns>
```

数据源控件 SqlDataSource1 的源代码如下。读者设计时可以使用数据源配置导航实现，也可以直接编写源代码实现，数据源来自视图 messagedetail。

```
<asp:SqlDataSource ID="SqlDataSource1" runat="server" ConnectionString="<%$ConnectionStrings:webltcon %>"
    DeleteCommand="DELETE FROM message WHERE id=@id"
    SelectCommand="SELECT * FROM messagedetail WHERE touser=@touser or sender=@touser ORDER BY isread, btime DESC">
    <DeleteParameters>
        <asp:Parameter Name="id" />
    </DeleteParameters>
    <SelectParameters>
        <asp:SessionParameter Name="touser" SessionField="uid" />
    </SelectParameters>
</asp:SqlDataSource>
```

2. 私信详情功能设计

在网站根目录下新增 MessageDetail.aspx 窗体，用于显示私信详情，窗体运行效果如图 5-35 所示。

MessageDetail.aspx 窗体的加载事件代码如下，将私信内容显示在对应控件中。

```
protected void Page_Load(object sender, EventArgs e)
{
    if (Session["uid"] == null || Session["uid"].ToString().Trim() == "")
    {
        Session["url"] = "MessageDetail.aspx";
```

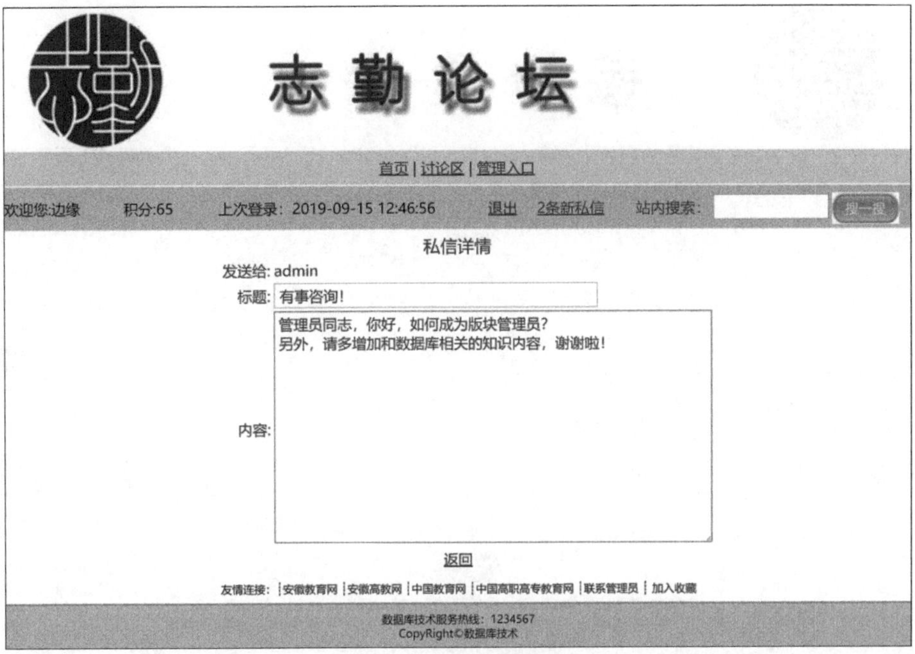

图 5-35　私信详情页面

```
        WebMessage.Show("请登录", "Default.aspx");
    }
    else
    {
        string id =Request.QueryString["id"].ToString();
        System.Data.DataTable table =new System.Data.DataTable();
        DBOperate con =new DBOperate();
        table = con.RunSqlReturnTable("SELECT * FROM messagedetail WHERE id="
+Request.QueryString["id"].ToString());
        Label3.Text =table.Rows[0]["touser"].ToString();
        TextBox1 .Text =table.Rows[0]["title"].ToString();
        TextBox2.Text =table.Rows[0]["content"].ToString();
    }
}
```

3. 发送私信功能设计

在网站根目录下添加 AddMessage.aspx 窗体，用于发送私信，窗体运行效果如图 5-36 所示。

"发送"按钮的单击事件代码如下：

```
protected void Button1_Click(object sender, EventArgs e)
{
    DBOperate con =new DBOperate();
```

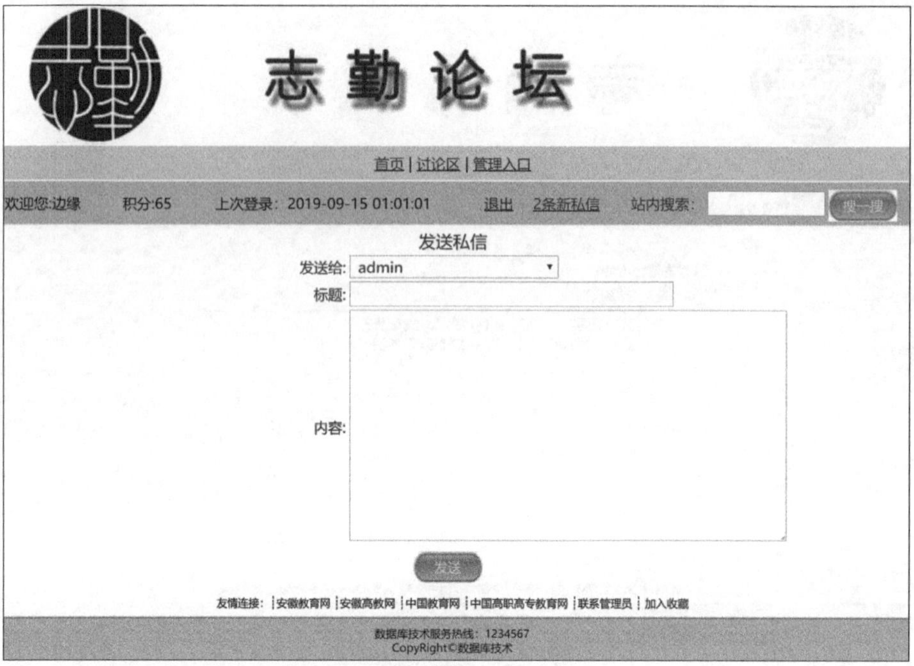

图 5-36 发送私信页面

```
if (TextBox1.Text.Trim().Length <=0)
    WebMessage.Show("请输入私信标题");
else if (TextBox1.Text.Trim().Length >150)
    WebMessage.Show("私信标题太长");
else if (TextBox2.Text.Trim().Length <=0)
    WebMessage.Show("请输入私信内容");
else if (TextBox2.Text.Trim().Length >1000)
    WebMessage.Show("私信内容太多");
else if (Session["uid"].ToString().Trim() =="" || Session["uid"] ==null)
    WebMessage.Show("请重新登录", "../Default.aspx");
else
{
    con.RunSql("insert into message(title,content,sender,touser) values
('" +TextBox1.Text +"','" +TextBox2.Text +"','" +Session["uid"].ToString() +
"','" +DropDownList1.SelectedValue +"')");
    WebMessage.Show("发送成功!");
    Response.Redirect("MessageList.aspx");
}
}
```

5.3.10 帖子搜索功能设计

在网站根目录下添加 SearchResult.aspx 窗体,继承 Main.master 母版页,用于显示留言搜索结果列表，窗体"源视图"中 GridView 控件的核心源代码如下：

```
<Columns>
    <asp:TemplateField HeaderText="留言内容">
        <ItemTemplate>
            < a href="BrowsePost.aspx?lyid=<%# Eval("id") %>&domainid=<%# Eval ("domainid") %>"><%# Eval("Column1") %></a>
        </ItemTemplate>
    </asp:TemplateField>
    <asp:BoundField DataField="uid" HeaderText="留言者" SortExpression="uid" />
    <asp:BoundField DataField="btime" HeaderText="留言时间" SortExpression="btime" />
</Columns>
```

数据源控件的核心源代码如下：

```
<asp:SqlDataSource ID="SqlDataSource1" runat="server"
                ConnectionString="<%$ ConnectionStrings:webltcon %>"
                SelectCommand="select id,substring(ly_content,1,10)+'......',
uid,btime,domainid from ly where ly_content like '%'+ltrim(rtrim(@search))+
'%' order by id">
    <SelectParameters>
        <asp:QueryStringParameter Name="search" QueryStringField="search_txt" />
    </SelectParameters>
</asp:SqlDataSource>
```

留言搜索结果页面运行效果如图 5-37 所示。

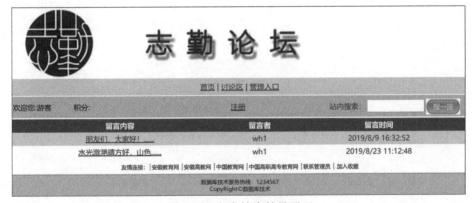

图 5-37　留言搜索结果页面

参 考 文 献

[1] 李锡辉,朱清妍.SQL Server 2008 数据库案例教程[M].北京:清华大学出版社,2012.
[2] 吴晨.ASP.NET＋SQL Server 数据库开发与实例[M].北京:清华大学出版社,2007.
[3] 李小英.SQL Server 2005 数据原理与应用基础[M].北京:清华大学出版社,2008.
[4] 汤承林.SQL Server 数据库实例教程[M].北京:北京大学出版社,2010.
[5] 李文峰.SQL Server 2008 数据库设计高级案例教程[M].北京:中航出版传媒有限责任公司,2012.
[6] 谢邦昌,郑宇庭,苏志雄.SQL Server 2008 R2:数据挖掘与商业智能基础及高级案例实战[M].北京:中国水利水电出版社,2011.
[7] Bill Evjen,Scott Hanselman,Devin Rader.ASP.NET 4 高级编程:涵盖 C♯和 VB.NET[M].李增民,译.7 版.北京:清华大学出版社,2010.
[8] 张正礼.ASP.NET 4.0 网站开发与项目实战(全程实录)[M].北京:清华大学出版社,2012.
[9] 王红,陈功平.ADO.NET 技术在"政府效能建设评价分析系统"中的应用[J].廊坊师范学院学报(自然科学版),2014,14(4):40-43.
[10] 王红,陈功平.数据库安全机制的探讨与实现[J].河北省科学院学报,2014,31(3):15-24.
[11] 王红,陈功平.数据完整性机制的研究与实现[J].佛山科学技术学院学报(自然科学版),2015,33(1):81-87.

图书资源支持

感谢您一直以来对清华版图书的支持和爱护。为了配合本书的使用,本书提供配套的资源,有需求的读者请扫描下方的"书圈"微信公众号二维码,在图书专区下载,也可以拨打电话或发送电子邮件咨询。

如果您在使用本书的过程中遇到了什么问题,或者有相关图书出版计划,也请您发邮件告诉我们,以便我们更好地为您服务。

我们的联系方式:

地　　址: 北京市海淀区双清路学研大厦 A 座 701

邮　　编: 100084

电　　话: 010-83470236　010-83470237

资源下载: http://www.tup.com.cn

客服邮箱: 2301891038@qq.com

QQ: 2301891038(请写明您的单位和姓名)

用微信扫一扫右边的二维码,即可关注清华大学出版社公众号"书圈"。

资源下载、样书申请

书圈

扫一扫,获取最新目录

课程直播